U0151580

家的食单

颜巧霞◎著

中国轻工业出版社

图书在版编目（CIP）数据

家的食单 / 颜巧霞著. —北京：中国轻工业出版
社，2024.5
ISBN 978-7-5184-4721-3

Ⅰ.①家… Ⅱ.①颜… Ⅲ.①饮食—文化—中国
Ⅳ.①TS971.202

中国国家版本馆CIP数据核字（2024）第052234号

责任编辑：方　晓　　　　责任终审：高惠京　设计制作：锋尚设计
策划编辑：史祖福　方　晓　责任校对：朱燕春　责任监印：张京华

出版发行：中国轻工业出版社（北京鲁谷东街5号，邮编：100040）
印　　刷：艺堂印刷（天津）有限公司
经　　销：各地新华书店
版　　次：2024年5月第1版第1次印刷
开　　本：880×1230　1/32　印张：6.75
字　　数：240千字
书　　号：ISBN 978-7-5184-4721-3　定价：45.80元
邮购电话：010-85119873
发行电话：010-85119832　010-85119912
网　　址：http://www.chlip.com.cn
Email：club@chlip.com.cn

烟火南瓜　　　　　　　　　　　三春荠菜饶有味

乡下的粽子　　　　　　　　　　莲藕有情

辣椒香，辣椒辣　　　　　　　　　　碎米面饼里的爱

一碗鲫鱼浓汤　　　　　　　　　　幸福臭豆腐干

菜蔬香

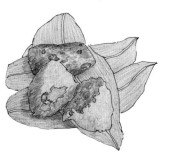

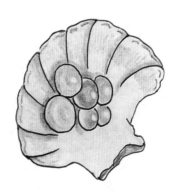

一 菜蔬香

三春荠菜饶有味

在我的家乡苏北平原上，初春光景是有"土融麦根动，荠菜连田肥"的景致的。还记得幼时，每每平原上的荠菜长得肥美时，母亲就会说："等闲下来，去围埂上挑些荠菜给你们吃！"

母亲提着竹篾篮子，篮子里放着一把小铁锹，不急不缓地走在那嵌在麦田间的围埂上。我们跟在母亲身后，有时炫耀地背诵起老师教的古诗句来："城中桃李愁风雨，春在溪头荠菜花"，那时候的我们光知道背诵，还不懂得体味古诗里耐人寻味的哲理。我们一眼看见田地里像铺了一条硕大无比的绿毯子，这绿毯子的绿也分色，有些是深透的绿，那是去年冬天就开始发芽长出的麦子，有些是新鲜的浅绿，这是新春时候刚从土里钻出来的幼小麦苗。围埂上杂草丛里，有一棵棵荠菜，荠菜们长得细细的，却姿态舒展，蓬蓬的，显得肥美。荠菜叶子似塔状，每一片叶子都仿佛层层叠叠的古塔在阳光中的剪影。有的荠菜未开花，有的顶了一两朵小白花，这小白花平淡无奇，就像饭桌上粘的小米粒儿。我不由得为桃李叫起屈来，这荠菜花算什么？能跟娇俏艳丽的桃花、雪白贞洁的梨花来争春？而诗人竟然说："春在溪头荠菜花"，诗人竟然敢把笔一挥，把春毫不犹豫地派给了这杂草丛中貌不惊人的荠菜花？

那还未经历过人世风雨的孩子，那还未吃过人世任何苦头的少年哪里懂得诗人的心意？

母亲挖了一篮子的荠菜，回来后去河码头上清洗干净，放在竹篾篮子里滤水，再用刀切碎。灶下添柴火，把大铁锅烧热了，倒入菜籽油，只听油被烧得嗞啦作响，母亲把荠菜倒入锅中翻炒，不一会儿，

三春荠菜饶有味

一盘青碧碧的荠菜就端上桌来，汤、饭也一起准备在桌上，我们赶紧拿起筷子，第一筷子是伸向荠菜盘，没料到吃到嘴里的荠菜并不如我想象的好吃，那滋味有点粗糙、滞涩，没有使我的味蕾变得舒展开来，我说荠菜不如韭菜来得鲜嫩、香浓。祖父、父亲、母亲却连连夸赞荠菜味道好，我就更不能同意了，我甚至觉得荠菜的口感还不如菜园里的小白菜来得清香、平和。

等我们能融入诗情"冲风踏雪须归去，荠菜肥美白酒甜"，真正觉得荠菜滋味肥美的时候，已是成年后。又吃到母亲挖来，端上桌的一盘荠菜，我和小弟纷纷下箸一个劲道着好吃。其实荠菜还是家乡平原上野菜，我们问母亲："为什么童年时觉得不好吃的荠菜，现如今鲜美适口起来？"母亲回："现如今，条件好了，锅里油舍得放，糖舍得放……"母亲说的固然有一定的道理，但我总觉得，该是成年后的我们，多多少少经历了世智尘劳的我们，吃荠菜是吃着它的真味了。荠菜是平原上的野菜，它的特点在一个"野"字，"野"是粗犷，是不驯，是本真，是怀念，加了再多油、糖调料的荠菜，那股野味是去不了的，而被岁月、被生活多多少少驯服的我们，怎么能不对一口野荠菜入心起来？怎么能不觉得野荠菜才是人间美味呢？又有诗人说："三春荠菜饶有味"，是啊，荠菜真是别有滋味的，他道出了成年后的我们吃荠菜的心。

也真正懂得了"春在溪头荠菜花"的意味了，人世间的风雨可能会让枝头明艳的桃花、李花忧愁，怕自己还没结果，就凋零碾落成泥，但一棵棵扎根于大地的野荠菜是不怕的，那花微小却有力量结成种子，种子掉入泥土里，到了来年春天，不需要谁来照看，野荠菜又泼辣地长出来了。

　　母亲又在做春天里的吃食，她打算做春卷。"春卷"是个好名字，把春天卷进去，母亲能把什么样的春天卷进吃食里？她说："有猪肉芹菜馅、鸡蛋韭菜馅、白菜虾米馅、荠菜猪肉馅……你要哪种？"我回："当然是要荠菜馅的。"唯有荠菜当得了春天，想吃春天，我以为荠菜最是上佳。

一畦春韭绿

初春的时候，土地还冻疙瘩似的，菜园子里却绿着了，娇俏俏的娃娃菜、亭亭玉立的大葱、壮实泼皮的大蒜各占据了一块地，蓬蓬勃勃地生长着，有一块地空白着，是留着长韭菜的。

等到清明前，韭菜就长起来了，它们碧油油、嫩生生，矮小纤细却又挺拔，一簇簇、一排排、一列列整齐地排布在菜园子里，简直像乖巧的小学生端端正正地坐在教室里自己的位置上。这样一畦春韭绿，谁见了都要忍不住啧啧夸赞起来。这样一畦春韭被家里的各式人惦记上了，我这馋嘴丫头不止一次要求母亲割些韭菜炒鸡蛋来吃。老态龙钟的祖父慷慨地说，他会拿出一点钱去猪肉摊割上两斤五花肉，让母亲包猪肉韭菜馅的饺子给他吃。母亲要我们老的小的都别急，想吃的韭菜吃食留待清明节过后再说。

按照我母亲的意思，头刀韭是要留着过清明节的。清明节那天晌午，母亲拿了把小巧割刀蹲在韭菜面前，她右手端平割刀，左手扶住一小撮韭菜，小心翼翼地齐根割下它们。肉眼可见，割离土地的韭菜，它们的根部还整齐地嵌在泥土里。我问过母亲为什么要细致地割韭菜，就像怕它们疼似的？母亲说，这样的割法，不会伤着韭菜，韭菜下次会长得更好。果然，看似空无一物的韭菜地，没过多少天就冒出新一茬的韭菜，韭菜们行军队伍似地排列着，一簇簇、一排排、一列列，先是鲜嫩的草绿色，再过几天去看，就变成了浓得欲滴的深绿色，又可以去割来吃了。

割来的韭菜，剥去根部的黄膜，洗干净，切成一寸长的段用来炒田螺肉。清明时节，田螺正上市。买了生田螺回来，汆熟，挑出田螺肉，也可直接去买熟田螺肉。总而言之，此时的田螺肉个个圆滚滚，像丰腴的美人。俗语有"清明螺赛肥鹅"的说法。我在的小村庄上有当清明日吃韭菜炒田螺，人会眼清目明的说法。这传说是否科学？我们也不管的。只听得母亲在烧热的小铁锅里倒上喷香的菜籽油，油嗞嗞地响，接着又是"哗啦"一声，像一树的麻雀惊飞了，那是母亲倒入田螺肉的声音，不一会儿，锅里的嗞嗞声变成了沙沙声，是母亲又倒入韭菜段了，旋即，韭菜炒田螺装盘了，白瓷盘里，碧绿间夹着黑色的、大拇指头大小的田螺肉球，像夏日庭院里绿色葡萄藤间挂着熟透的黑红葡萄，怎么想都是美味。

梁实秋说韭菜是蔬菜中最贱者之一，一年四季到处有之，有一股强烈浓浊的味道，所以恶者谓之臭，喜者谓之香。我就是喜欢韭菜的人，从小到大对韭菜的情感从来没有变过。不像茼蒿、苋菜之类，我小时不喜，长大才觉出它们的好来。那会儿家贫，平日少菜佐饭，我和小弟没少跟母亲置气，但自从菜园里的韭菜蓬勃长成，我再也没向母亲吵闹过，母亲只是清炒一盘韭菜，也让我把饭吃得欢天喜地。

《儒林外史》里说朱元璋那会儿还未定鼎应天，才占据金陵称为吴王，他去拜访贫困至极但会画无骨荷花的王冕。王冕就自己去厨下，烙了一斤面饼，炒了一盘韭菜，亲自捧出来陪着。吴王吃了，称谢教诲。看到此处，我大乐起来，想来我们小时候白米饭就一盘韭菜是皇帝的待遇啊！

那时候要是来了亲戚，简单点就打上几个鸡蛋，在铁锅里摊了蛋皮，用韭菜炒鸡蛋。奢侈些，就是去猪肉摊上切点五花肉，把肉切丝，韭菜炒肉丝，这两盘韭菜炒菜的滋味各有其妙，到了客去菜无的晚上，我们小孩子会把盘子中还剩的一点青碧的韭菜卤也倒进碗里拌饭吃。

到了五六月份，天气变暖，贫家没有冰箱等现代家用电器，当日剩下的粥，到了第二日不那么新鲜了，母亲也舍不得倒掉。剩粥吃是吃得，但口感差，母亲就从菜园子里割一把韭菜，切成细小碎段放入隔夜粥里去，再搁点盐，粥立刻变得鲜美无比，家里大大小小都能喝上两大碗。

许多年过去了，人们的生活越来越好，韭菜的搭档多了起来，韭菜可以炒虾仁、炒粉条、炒金针菇、炒牛肉……熬汤也好，韭菜鳝鱼丝汤、韭菜河蚌肉汤，每一道与韭菜相关的菜肴都捕获了人们的味蕾，韭菜是时间、是人们淘汰不了的一道菜。打个比方，韭菜在菜中，就好比一个能力卓绝的人在职场中，让他单打独斗去干活是可以的，让他组团协助别人他也情愿，还协助得非常好，总把事情做得圆圆满满，让人交口称赞。

红苋如丹照眼明

母亲菜园子里的蔬菜长好了，丝瓜香、黄瓜脆、番茄甜、辣椒辣、茄子嫩、小青菜鲜，韭菜另有一种奇异香，我各领其味，唯有红苋菜不喜欢。我先不喜的是红苋菜的名，然后才是它的味道。

那时节是小孩童，第一次听母亲欢天喜地说："今天炒红咸菜来吃！"我气得嘟起了嘴。因家境窘困，整个冬天、春天青黄不接之时，家里用来佐粥、就饭的小菜多是咸菜。母亲会从古旧的咸菜坛子里抓出她腌制的小咸菜，早上喝粥就吃生咸菜，中午吃饭也就那咸菜，不过是蒸熟了而已，小半碗的咸菜里倒上一点菜籽油，切上两段小葱，放饭锅头上一蒸就是中饭菜。到了第二年的夏天了，竟然还要炒红咸菜来吃，真是够了。

随母亲进了菜园子，当然知道了红苋菜不是红咸菜，红苋菜长得稀奇，不像用来做咸菜的青菜玉白茎秆、碧绿叶子。苋菜椭圆鸭蛋形状的叶子上竟然是两种颜色，叶边是一圈绿色，中间嵌着一抹红，就好像哪个绣娘特意配色绣成如此，十分美丽。只是其时一个"xian"音让我蒙了眼，让我不甚喜它。长大后翻书查字典，知道"苋"与"咸"俩字音同调不同，一个去声，一个阳平。红苋菜其实有许多好听的名字，只是村庄上的主妇们大概不知，有雁来红、老少年、老来少、三色苋等。《幽梦影》里还有："荔枝臣樱桃，秋海棠嫁雁来红"的美句。

母亲喜欢苋菜，大概还喜欢采摘苋菜的不费力气，只见她伸出大拇指和食指轻轻一掐，苋菜就入了篮，既不需要像割韭菜那样，特地使上一把小刀子，也不用像拔小青菜那样，拔根带出泥来，还得再费工夫削去菜根。

母亲掐了满满一篮子的苋菜，去码头上用清水洗。回来用菜刀三下五除二切碎，再准备几个剥好的蒜头，把蒜头用刀拍扁备用。她用大火烧热了铁锅，倒入菜籽油，不一会儿油烧得嗞嗞作响，倒入苋菜，灶下接着添大火，灶上铲子如急雨般快速翻炒，搁细白精盐，等到九分熟放入拍好的蒜瓣，稍稍翻炒，起锅装盘。

雪白的米饭碗端上来，父亲搛起一筷头的红苋菜拖到白米饭碗里，我立刻觉得饭碗里被他弄得乌糟糟，不忍目睹。父亲连连夸赞："红苋菜鲜嫩喷香，好吃！"母亲也搛了苋菜到碗中说："不错，是好吃。过几天还有得吃，别看今天我掐了苋菜的嫩叶，三两天又长出来了，它们'泼皮'呢！"

看父母亲你来我往地搛着红苋菜大快朵颐，好像在吃什么无上的美味，引得我也搛了稀疏的一筷子，苋菜吃在嘴里我略嫌清淡无味，它没有青菜的清淡蔬香，也没有韭菜的奇异浓香，还没有咸菜的那种让你无可奈何的咸。我童年那会，母亲锅铲下的食物可由不得我们挑拣，都是炒什么，吃什么。这简直就像命运，来什么接什么！

那时候，我未足而立之年，但那么喜欢吃红苋菜的父亲患了病，生病之后未足两年的时间，他就去世了。到了苋菜上市的季节，我会想起他，他会开心地把苋菜搛碗里，像个孩子似的把整碗饭都染红了。自此，我对苋菜转了性，变得喜爱红苋菜，母亲知道我爱吃红苋菜后，就特地吩咐我不要买市场上的，她总是骑着她的三轮从几十里外的乡下，给我送来她从来不喷农药的苋菜。婆婆把红苋菜炒好装在盘子里，绿色的菜叶边，叶子的心是红色的，炒出来一盘子红通通的汁水像一个人最热烈的心意。我小时候怎么会觉得难看难吃？这分明是一种诗意的菜蔬。

　　苋菜在许多作家笔下也有一席之地。汪曾祺写他故乡的端午节吃午饭要吃"十二红"，他记得的头一道红，就是炒红苋菜。张爱玲在上海跟着她母亲住的一段时期，每天随着母亲去对街的舅舅家吃饭，会带一碗菜去，苋菜上市的时节，她总是捧着一碗红苋菜去。她把一碗拍了肥白蒜瓣的炒红苋菜描写得那么美。她写："我总是捧着一碗乌油油紫红夹墨绿丝的苋菜，里面一颗颗肥白的蒜瓣染成粉红色，在天光下过街，像捧着一盆常见的不知名的西洋盆栽，小粉红花，斑斑点点暗红苔绿相同的锯齿边大尖叶子，朱翠离披，不过这花不香，没有热乎乎的苋菜香。"

　　婆婆对我说："你常用电脑吃这红苋菜真是好，听人说，把苋菜烧熟放进壶里，把壶嘴塞住，用壶口上面的热气来蒸眼睛，眼睛会变得明亮。"陆游有诗句："红苋如丹照眼明"，诗人本意是说苋菜红艳如丹，让人眼前一亮，但苋菜确有明目之功效。

　　我吃着母亲种、婆婆炒的红苋菜，只觉得香得不得了，我又一次想起父亲说红苋菜好吃的话，默然同意他，却不能对他说出了。如今，吃了苋菜的我，会变得眼明心亮，懂得每一样物事的可贵了吧？！

茼蒿

幼时家贫，餐桌上甚是贫瘠，从春往夏过的光景，餐盘里大多时候装着的是自家菜园子里长的菜蔬，要么炒青菜，要么炒韭菜，只吃得我们生了厌烦心。

又一日吃饭前，母亲喜气洋洋地端上一盘蔬菜说："今日吃茼蒿，快来吃！"对母亲献宝样端上来的茼蒿，我却没好印象。母亲招呼我们吃的茼蒿，其实就是茼蒿的嫩芽，大概为着方便人们只称为茼蒿。还记得第一次吃茼蒿，白色粗瓷盘里盛着一盘绿到化不开的菜蔬，叶子形如锯齿形状，一根根细圆光滑的菜莛子仿佛是用碧玉制成。这是一盘玉石样让人惊艳的菜，我迫不及待地伸了筷子去捡，夹进嘴里的茼蒿，却是另一种滋味，它们不像青菜有清淡平和的菜蔬香味，更不像韭菜吃在嘴里鲜美滑嫩，有奇异香气直冲舌尖。吃茼蒿的第一口，就有一股中药味在嘴里打旋，再细咀嚼，那中药味里还藏着一丝苦涩，我和小弟向母亲叫嚷着："不吃，不吃。"

家里的大人们谁也不把我们的话当话，只见他们纷纷举箸，捡起一大块茼蒿堆放在白米饭上，那隆起的饭碗就好像一座丛生着茂盛绿植的小山，他们"开山劈路"边吃边说："茼蒿香，真香！"不一会儿，一盘子茼蒿就被大人们一扫而空。

孩童时候的我，虽不爱吃母亲炒的嫩茼蒿芽，却爱菜园子里日渐长大的茼蒿和它们顶着的花朵儿，茼蒿长到齐我们的肩头了，它们的叶子很像故事书上林中小鹿的角，那些叶子簇拥着一朵朵明黄色的花。菜园子里的菜蔬，都会开出形形色色的花来，韭菜的花是一根细细的茎秆上顶着一朵简单的白花。大葱的花是韭菜花的加强版。小小的紫色茄子花，藏在枝干茄叶之间，一点不起眼。西红柿花也是微小的黄色星形的花，这些菜蔬好像知道自己是菜，很尽自己的本分，它们开着瑟缩的小花，果实才是它们的骄傲。茼蒿就不这样了，它开着一朵朵绚丽的黄花，花朵如五六岁小孩子的手掌那般大，圆形，靠近花心的内圆部分是深黄色，外圆则呈浅黄色，是最高明画家调出的明艳颜色，像热烈的小太阳，一朵朵不管不顾地开在菜园子里。没有机会去看梵高《向日葵》真迹的我，在心里预想，大概那画给人的震撼感就仿佛看到菜园子里的一片茼蒿花在同时绽放。

有一次，翻书看到作家林清玄的父亲在他准备离开家乡北上漂泊的时候，送给他一小瓶的花籽，父亲小心翼翼地对他说："你到台北后，如果有一个花园，就把它种了。"一直到三年后，林清玄才种下这些花籽，他心心念念地问父亲那是什么样的花？父亲回答他说："等它开了花，你就知道了。"

林清玄写道："慢慢地，花长大了，我才知道那是一些茼蒿菜。茼蒿菜是一种贱菜，在乡下，它最容易生长，价钱最便宜……"林清玄没有去问父亲送他茼蒿花籽的用意，他自己揣测父亲把茼蒿花籽像礼物一样送给他，也许是父亲要他不要忘记自己的土地。

我看书的时候，生出另一种心思，会不会是作家的父亲像我的父母亲那样爱吃茼蒿，也期望着成年的儿子有这等口福；或者他也像我一样喜爱着明艳又生机勃勃的茼蒿花，所以给儿子送了茼蒿花籽。

我这样揣测是有理由的，童年时那么不喜欢茼蒿的我，成年后却喜欢吃茼蒿了。逢到假期去看母亲，恰逢她的菜园子里正长着嫩茼蒿，我一准让母亲掐了茼蒿来清炒，铁锅热油，茼蒿下锅里爆炒数铲，装盘，拍上蒜泥稍稍搅拌，吃饭时我必舍了母亲准备的鸡鱼肉蛋，只拣茼蒿来吃。

大概是成年以后，人世纷繁经过，酸甜苦辣的滋味尝过，再吃到茼蒿时，竟然爱上那特殊的滋味，少许的清香，少许的中药味，少许的清苦都与味蕾特别相融，吃了后甚至觉得通体变得清凉自在起来。

茼蒿这菜蔬，有时还会让我想起生活中那些格格不入的人。从前，我认识的一位同行，她做教师的时候，给学生们授课、说话从来都用普通话，从不随单位人的大流，时而普通话时而方言；回到办公室里，一帮同事随心所欲地用方言谈论家长里短时，她也说普通话；上司用方言指派她任务，她回应上司也说普通话……在那普通话并不普及的年代，那时候年轻的我很是惊诧她的与众不同。现在想来，她像茼蒿花一直热烈盛开，又像茼蒿菜不肯泯然于"众菜"，总保留着自己独特的气味。

如今的她已是一方领域里的领军人物，管理着几百位员工，我就像喜欢茼蒿一样，亦喜欢起她。优秀的人总是独特的，总是保留着那一份属于自己的味道，只等你来适应、欣羡她。

辣椒香，辣椒辣

每到初夏时节，村庄上的那一方方菜园子就仿佛一个个热闹的戏台子，戏台上的"生旦净末丑"是瓜果菜蔬们，高处有当空潇洒飘荡的丝瓜，半中间有一身刺头的青绿黄瓜，再往下离地两尺高，青绿和紫红两色的茄子在赛美，绿辣椒红辣椒像孪生的兄弟或者姐妹……这些瓜果菜蔬里，辣椒又最是像眉目俊俏、功夫了得的武生，让人又爱又恨，欲罢不能。

我母亲的菜园子里自然也少不了辣椒。辣椒按体形分团、尖两种，团辣椒一个个上大下小，像如今蛋糕房里倒扣的袖珍蛋糕，尖辣椒一个个则长得像一把尖刀。辣椒是"露相真人"，团辣椒的辣味随圆就方，不那么呛口，尖辣椒就不是那么好惹的了，谁要冒失地侵犯来，那"辣"保管跟刺刀样直刺上来，要你好看。绿色的辣椒一律是葱郁青年，红色的则是老年，千万别以为老年辣椒敛了性子，变得温和，那是你想多了。

孩子摸透了辣椒们的脾气性格，这才能办好母亲交代的事儿。姨母来走亲戚，母亲要陪姨母说说家常话，叙叙别后情，吩咐孩子去肉摊上买五花肉，万一无良肉摊主欺负小孩子，给的猪肉肥肉多瘦肉少，母亲看了也并不生气，接着指挥孩子去菜园子里摘辣椒炒肉丝，有见识的孩子自然知道炒肉丝要的是青碧绿脆的团辣椒，那尖辣椒留着长成鲜艳的大红色，磨辣椒酱来吃。

团辣椒摘回来，也是我们小孩子收拾，抓着它的蒂，往椒肚里一摁，蒂根就自然脱落了，掰开辣椒肚掏出里面的细白筋、碎米粒儿似的种子，去水龙头下淘洗干净，交给母亲切丝。眼巴巴地看着母亲先

辣椒香，辣椒辣

切肉，她把肥肉切成大条块儿，瘦肉切成细丝，灶下添柴火，大铁锅烧热了，大条块肥肉先下锅里熬，过了几分钟，大块的肥肉变成了金黄色的小段儿，锅里则有了油汪汪的大摊油，此时，母亲往热油里撒葱段、姜丝，命我们灶下添火的使大火，倒入瘦肉丝爆炒，稍后，倒入绿辣椒丝，大火翻炒之后，搁盐，少顷，一盆青椒肉丝端上桌来，辣椒的辣和猪肉的香得到完美融合，鲜辣香浓的滋味直扑鼻端，让我们馋涎欲滴。等着父亲招呼了姨母开饭，全家开吃了，我们迫不及待叉起一筷子青椒肉丝，继而又撩起了一筷子，母亲使过来的眼色，我们只当看不见，我们心里当然知道她的意思："有姨母在呢！你们这些小东西要顾顾人。"

夏天时候吃辣椒吃的是青辣椒的这份香，除却辣椒炒肉丝，辣椒炒鸡蛋、辣椒炒韭菜、辣椒炒毛豆都是我们喜欢吃的菜。

等到秋天的时候，菜园里的辣椒都长老了，长红了，尤其是只在做红烧鱼时摘过的几个尖辣椒，现如今都跟一把把漂亮的小红刀似的累累结在辣椒秆上，母亲把红辣椒都摘下来，洗干净切成段，等到有磨辣椒的来，就添些黄豆、芝麻在里面磨成辣椒酱。

一到冬天，菜园子里荒凉了，唯剩下些蔫头耷脑的青菜，黄瓜、冬瓜、丝瓜都没了影踪。这时节家里也是穷的，父亲工地上的事也是一日做一日歇，哪有余钱买鱼、买肉、买豆腐来吃，中饭菜就是锅头上炖小咸菜，再煮个青菜汤。我们放学回来，看到这样的菜肴总要气得噘起嘴巴来，母亲由着我们自去生气，她不慌不忙地用小瓷碗舀了半碗辣椒酱摆在餐桌上，父亲看到辣椒酱脸上立刻露出喜滋滋的笑容，他把青菜蘸着辣椒酱拖到白米饭的碗里，吃得不亦乐乎，不一会儿他额头上冒出汗来，吃辣椒让他把冬天过成了春天，我们看了不由得要学他，我们像父亲那样吃，果然无味的青菜也变得香辣开胃了，让人不由自主要连连往嘴里送饭。

　　成年后，我工作的第一个单位是一所偏僻的乡村小学，那里离街市远，每每下雨，道路泥泞不堪，让人无法走路，校长留几个远路的教师吃饭，他吩咐妻子去家门口唯一的肉摊子上买上几斤猪肉，从菜园子里拔了大棵的青菜，煮了满满一大锅的青菜猪肉汤。到了开饭时间，一张大圆桌子，桌上舀了两大碗的猪肉青菜汤，放上两碟辣椒酱，别的什么也没有，一群人把猪肉、青菜用辣椒酱蘸了送到嘴里去，吃得欢天喜地。我想如果不是辣椒的话，这餐饭也显得太简单了。

　　鲁迅先生也爱吃辣椒，他在《琐记》那篇文里写故乡的老学究嫌他们看进步书籍大逆不道，他也不管："自己仍然不觉得有什么'不对'，一有闲空，就照例地吃侉饼、花生米、辣椒，看《天演论》。"只是不知道鲁迅先生这里的辣椒是不是指的辣椒酱？

平常茄子

萧红写："六月里，后花园更热闹起来了，蝴蝶飞，蜻蜓飞，螳螂跳，蚂蚱跳。大红的外国柿子都红了，茄子青的青，紫的紫，溜明湛亮，又肥又胖，每一棵茄秧上结着三四个、四五个……"

这正是一个农家小院菜蔬地里的光景，相比萧红写的外国柿子，也就是西红柿，我们这里称为番茄，番茄讨小孩子的喜，茄子就讨乡村主妇们的欢心了。番茄生可吃，熟可吃，酸酸甜甜的滋味，小孩子们自然喜欢得紧，主妇们用来做餐菜，番茄至少需鸡蛋来搭配，否则就太寡淡了。茄子则不然，有"独木成林"的风姿。

我们这里家家都有一个萧红笔下的"后花园"，又称菜园子，园子里总会长着茄子。

母亲常常往我手里塞一把剪刀，把摘茄子的活派给我，这活粗莽不来，茄蒂上有刺。万物有灵，人聪明，茄子也有它的精明，要给茄子配点鸡汤文字，一定是"我的善良里带点锋芒"。谁也别想着轻而易举地摘桃样从茄秆上摘下茄子来，摘茄子常常需要左手托着茄身，右手持剪刀，临茄蒂根处下剪，咔嚓一声，茄子脱离茄秆，像托塔天王托着他手里的塔般，茄子稳妥妥地落在我手心里。摘下来的茄子，先用菜刀削去带刺的茄蒂，接下来，就可以寻思着做哪种吃食了。

我母亲有时从田地里回来迟了，别人家午饭的炊烟袅袅升腾在屋顶上，她才摸灶起锅，那么，那天佐饭的餐菜一准是蒸茄子。她吩咐我去菜园子里现摘上一只绿茄子，去蒂，洗净，一切四开放在盘子里备用。她把两口锅一起生起火来，大锅里煮米饭，小锅里烧汤，米饭锅里听到咕嘟咕嘟响，像谁在吵架似的，那是米饭初熟，母亲立刻从灶下起身，把四瓣茄子放在米饭上，茄皮贴着米饭，茄肉朝上，再去灶下添柴火，二煮米饭，不一会儿，米饭锅里吱吱地叫唤起来，锅里开始结米饭锅巴了，茄子也蒸得七八成熟了，可以停火了，此时不能揭开锅，让米饭、茄子利用灶膛里的余温再焐上一会儿。

取出粗瓷白盘，掀开锅盖，把锅头上蒸好的茄子全部盛进去，往茄子上浇上两勺菜籽油、搁一勺酱油、半勺精盐，还得剥几瓣大蒜，横刀立马地拍碎放进茄子里去。用一双筷子把茄子一顿乱戳，心里要有什么不平事就来干这戳茄子的活好了，等茄子戳成糊状，心里的气大概也消完了。我母亲把戳好的茄子端上桌，再盛了汤，一顿饭就这样简单又美滋滋地吃上了。

母亲有空的时候，不做蒸茄子，她把茄子切成细丝，一根根都泡在准备好的水盆里，等临炒的时候，才从水盆里捞出来，炒茄丝。炒茄丝也简单，热锅里下油、爆姜葱，把茄丝放进去，大火炒，不加任何水，不一会，一根根直挺挺的茄子就软绵起来，最后放拍好的蒜瓣，端上桌来，茄子的清香软绵总让你一筷子又一筷子地停不下来。

萧红家是青茄子、紫茄子一起长在蔬菜园里，我记得，我家的菜园里最初长的是碧绿色的茄子，也就是萧红说的青茄子，后来渐渐添了紫茄子。长紫茄子的时候，我家的光景好一些了，在我看来，青茄子皮嫩肉软，紫茄子皮老肉也稍微老成一些。青茄子适合蒸、爆炒，紫茄子皮老肉厚，蒸、炒来吃口感要比青绿色茄子差得多，我母亲常常买来肥瘦相间的五花肉跟紫茄子红烧，紫茄子切成滚料块，把肉先放锅里熬煮，加入八角、五香粉、家里自做的豆瓣酱，等到肉熟时分，下茄子，再稍稍熬煮一番就成。后来，我在外面吃饭，看到一家饭馆里有招牌菜——油焖茄子，端上桌来是紫茄子做的，吃到嘴里总觉得不如我母亲的茄子焖五花肉够味。

《红楼梦》有一段关于茄子的，刘姥姥进了大观园，贾母着凤姐弄点茄鲞给她吃。刘姥姥吃了说："别哄我了，茄子跑出这味儿来了，我们也不用种粮食，只种茄子了。"凤姐告诉她说："你把才下来的茄子把皮鲺了，只要净肉，切成碎钉子，用鸡油炸了，再用鸡脯子肉并香菌、新笋、蘑菇、五香腐干、各色干果子，俱切成钉子，用鸡汤煨干，将香油一收，外加糟油一拌，盛在瓷罐子里封严，要吃时拿出来，用炒的鸡瓜一拌就是。"

看到这里，虽然馋涎欲滴，食指大动，但普通人家舍不得费时费劲弄这茄鲞，但我们也自有一份聪明，我母亲买了五花肉，斩成肉糜，打入鸡蛋，加入葱花姜末搅拌均匀，给我们做茄夹子，这自然要选粗壮的紫茄子，切成片，先切成厚的一片，再剖成边口连着的两片，中间夹起肉糜，外面裹上面粉糊，下油锅里炸，炸得两面金黄，捞上来，待到稍冷之后，咬上一口，本来稍嫌寡淡的茄子立刻变得香脆酥润，大概这滋味可媲美凤姐家的茄鲞吧！

伶俐黄瓜

萧红在《后花园》里花了很大的篇幅描写黄瓜："在朝露里，那样嫩弱的须蔓的梢头，好像淡绿色的玻璃抽成的，不敢去触，一触非断不可的样子。同时一边结着果，一边攀着窗棂往高处伸张，好像它们彼此学着样，一个跟一个都爬上窗子来了。到六月，窗子就被封满了，而且就在窗棂上挂着嘀嘀嘟嘟的大黄瓜、小黄瓜、胖黄瓜，还有最小的小黄瓜纽儿，头顶上还正在顶着一朵黄花还没有落呢……"

说真的，我们家的黄瓜多得跟萧红家的有一拼呢！唯一不同的是，我家的黄瓜不爬窗子，爬黄瓜架子。黄瓜架子是父母亲亲手搭的，在黄瓜还是小秧苗的时候，在小小秧苗旁把成年人大拇指粗的江芦柴戳到地里去，搭成了一堵墙样的镂空架子。这就像有钱的人家，在孩子还小的时候，就把他将来要结婚生子的房子给造好了，只等孩子长大。只等黄瓜长大，它们就有架可爬，有架可依。到了六月里，黄瓜就长成了，硕果累累地挂在架子上，像挂了一只只好看的绿色瓶子，任谁看见了都忍不住想摘一只来。小孩子哪有忍耐的心性？第一个跑来摘，刚伸出手挨到黄瓜身上，就像被蜜蜂蜇着了一样，立刻缩了手，黄瓜上有刺呢。大人们在一旁看见了哈哈地笑着说："看你撅嘴不？你坏不坏？坏的人黄瓜刺儿要戳他（她）……"小孩子撅起嘴，大人伸出手帮着摘了，捞起衣襟，用衣襟内部擦了一圈，递到孩子手里，说："吃吧，吃吧！"小孩子咬上一口，嘎嘣脆，清香和甘甜在口腔里搅缠回旋。说起来，这刺儿黄瓜真像伶牙俐齿又有主意的小孩子，又讨人嫌又让人喜欢。

自打吃了第一条黄瓜，村庄上的小孩子的口福和快乐就被架子上累累的黄瓜派送了。每日吃完中饭去上学，总要去菜园子里小心地摘一条黄瓜，大人帮他们用干净的手巾抹去黄瓜刺儿，清水里冲洗干净了，递给他们一路啃着走到学堂里去，有刺儿黄瓜相伴，那夏天的炎热、上学路途的寂寞都无影无踪了。

大人们宠爱家里的小孩子，种了一架子的黄瓜，小孩子也要心疼大人们的辛苦。放了暑假，这些伶俐的小孩子把大人手里的家务活接替过来，洗衣晾晒再做饭，早晨贪睡，就把做午饭、晚饭的活都主动接手了。中午吃什么菜肴？有心量的小孩子是不用大人吩咐的，前儿炒苋菜，昨儿吃韭菜，今儿当然要换一种花样，小孩子去菜园子里摘了两条黄瓜，削皮，挖囊，切成薄片，从抽屉里摸出几个鸡蛋，摊了薄脆的鸡蛋皮，大火热油爆炒一盘黄瓜炒鸡蛋，黄的金黄，绿的淡绿，看着盘子里的颜色，小孩子把才学的古诗又朗诵了一次："两个黄鹂鸣翠柳，一行白鹭上青天"。等到下一日，黄瓜不做菜了，做汤，黄瓜鸡蛋汤，做法也极简单，水里倒豆油煮开，放切好的黄瓜片，搅好的蛋液倒入滚水中，熬开。汤上了桌，喝一口，清新鲜香，老祖父、爸妈都要夸小孩子会干活。

夏日日头高，大人们干了一天的农活，就利用日头下山吃完晚饭的当口歇上一会，晚饭时间拉得足够长，晚上吃粥没有佐粥的咸菜，是要被邻居们笑话的，有人家吃咸鸭蛋，有人家吃盐霜黄豆或者水煮蚕豆，但最简单可口的佐粥菜是凉拌黄瓜，小孩子早已从大人那学会摘黄瓜，不捏黄瓜的身子，拿捏着黄瓜的根蒂部，一扭，黄瓜即从藤上脱落，利落地收拾一番，切成白玉一般的薄片儿，放瓷盘里，撒一些精盐，稍稍浸润一会儿，滗去盐卤汁，再搁上适量的白糖、麻油、拍好的蒜瓣搅拌一番就可以吃了。

家的食单

　　大人们趁着晚凉，喝着半凉的粥，就着这一盘脆生生的凉拌黄瓜，看着院子里伶俐顾人的小孩子，稍远处菜园子里那一架的黄瓜，他们过早布满皱纹的脸上露出欣慰的笑容，那笑容诉说的是再辛苦的日子也是有奔头、有期望的啊。

烟火南瓜

乡村夏季，万物葳蕤，植物们纷纷"圈地"，农人的家前屋后可见各式瓜果。放眼望去，夏季乡村又以瓜的种类最齐全。种瓜多大概源于农人最初的忧患意识，贫穷年代瓜抵粮食，水果则是闲食，偶尔匀出一小块地植上一两株水果树，结稀疏的几个果，是为给小孩子解馋，也为去捉襟见肘的寒碜，显富裕之意。其实，主旋律一直由瓜来唱，南瓜、冬瓜、黄瓜、丝瓜……

从前，打从瓜们开花，我爱的就是丝瓜花、黄瓜花。丝瓜有趣极了，顺着杆子、院墙往高处攀爬，呼哧呼哧直爬到杆子的顶端或者院墙的最上面，然后在顶端开朵朵黄艳艳喇叭状的花。有风轻轻吹拂，它们就得意洋洋地随风摇头摆尾。黄瓜虽然不像丝瓜那样爱往高处，可也需搭架子，用竹竿或者芦柴搭好架子，黄瓜的藤就全缠到架子上，黄瓜花们端端正正地坐在架子上开着，很有范儿，像正儿八经的闺秀。唯有南瓜在低处，就地生长，就地开花。和南瓜一起长在地上的冬瓜就很有眼力见儿，以为在低处了，还开什么黄色的花？能计较得过高处的花？高处的它们总是最先入人们的眼，不妨自开一朵素淡的白花，人们也许因为与众不同细瞧上一眼！

年岁越长，却喜欢南瓜了。丝瓜、黄瓜毕竟还要倚靠别物呀，丝瓜向人要一面院墙，黄瓜要一架芦苇杆搭成的架。要是人不给，它们会怎么样？就没有那种健康成长的可能了吧？更别提在高处开娇艳惹人的花，结累累令人喜悦的果。

南瓜只是在地上，在低处。在高处的瓜们也许看不上它的没羞没臊，竟然什么要求也没有就能长出比谁都硕大肥厚的叶子来，开出比谁都庞大明艳的花朵来。南瓜好似什么都不知道，四平八稳、踏踏实实地只管活自己的，像那些烟火凡俗的人们，早起去菜市场就能看见的：兴致勃勃吆喝着卖蒜头生姜的中年妇女，大刀阔斧砍骨头卖猪肉的中年男子，还有抄起一条活蹦乱跳的鲜鱼就噼里啪啦杀将起来的青年小伙儿……他们把日子过得热热闹闹的。

南瓜也是这样兴冲冲地结出一个又一个胖嘟嘟的青南瓜、红南瓜。自然也不管人们喜欢丝瓜的香、黄瓜的脆，腻了它的多，物以稀为贵，一多就稀松平常得让人起腻。南瓜多，多得吃不完，只好储藏起来。

刚摘下的南瓜一如丝瓜、黄瓜可以做菜煮汤。只是南瓜的烟火气更足些，蒸煮煎炸都做得，浓油赤酱都使得。常见我母亲把青南瓜切丝，再剥两个青辣椒切丝，大火热油爆炒青瓜辣椒丝，搁上肥白的蒜瓣，一盘青绿南瓜丝香辣清鲜，十分下饭。还见我母亲把红色南瓜切成厚薄适宜的南瓜块，热油烩炒后，放冷水，加入自家做的黄豆酱红烧，酱煮的红南瓜咸甜绵软，母亲夸："跟煮烂的栗子一样绵密好吃。"我母亲空闲时，就把南瓜切成丁跟水、米搅和在一起，倒豆油、搁精盐做成咸甜香浓的南瓜饭；或者把去了皮的南瓜蒸熟后与面粉搅拌，煎成香软可口的南瓜饼；又或者抓了淀粉，把南瓜熬成绵软稠滑的南瓜羹……

在南瓜都被人们稳妥储藏进仓库的时候，就该是秋了。丝瓜、黄瓜一起老去，连着生养滋养它们的藤，的的确确给人萧瑟感，藤枯瓜尽。南瓜的主藤也枯，但南瓜藤头还碧翠，在牵藤垦地的前夕，母亲们一定掐下南瓜藤头，熬粥或者加油爆炒，这两样瓜藤吃食都鲜得让人掉眉毛。

日子过着过着人们就知道南瓜的好了，秋往冬那段萧瑟的日子，

烟火南瓜

菜园子里青黄不接，储藏了南瓜的农人餐桌上不会难熬，以前吃过的南瓜美食可以一一做来品尝。丝瓜、黄瓜、冬瓜都只是当季瓜，从前时候过了季节普通人家就吃不到了。现如今生活富足，可以买到用温室大棚生长出来的非自然态的瓜果菜蔬又是另一说。

记忆中还储藏着一个跟南瓜有关的故事。我有一位伯母，患了胃癌，身体日渐委顿。向来勤劳的她，撑着一副瘦弱不堪的身体要去种瓜，我母亲建议她只种南瓜，不需要搭架牵绳，不费精气神儿。伯母听了我母亲的，那一年伯母家的南瓜长得比村里所有人家都好，南瓜多得年幼的我数都数不清，母亲过两天就嘱咐我去把伯母的瓜数一数，向她汇报。我报的数字日益增多，伯母也就笑嘻嘻的。像枯藤一样委顿的伯母竟然熬过了那年的冬天，直到第二年开春，在又该丢下瓜种的时候去世了。南瓜就是这么懂得人间烟火，又体贴人心的植物。

丝瓜的幸福

　　我在城里工作后，母亲常常给我送来她自己种的丝瓜，她怕城里市场上的丝瓜打了农药。父亲去世后，她一人独自居住在老房子里，身体又不好，我们屡次劝她不要再种蔬菜瓜果，她不听，丝瓜是她每年必种的菜蔬之一。

　　暑假，我领了孩子去看她。母亲早在门外等着了，看见我们，她笑开来，笑得灿烂，像厨屋顶上那一朵朵丝瓜花明媚盛开。去看丝瓜，只消一眼，就知道母亲像照顾孩子一样照料着丝瓜，她给丝瓜搭了架，牵了往高处攀爬的绳。丝瓜架上满是大而肥厚的手掌形状的绿叶，丝瓜藤彼此缠绕着骁勇地顺着绳往更高处攀爬，直到占领绳的顶端，爬到厨屋顶上去了。青翠密不透风的藤上有鹅黄的丝瓜花灿烂开着，像一只只秀气的小喇叭。花叶之间已有细条状的丝瓜悄然长成，初生的丝瓜有令人惊叹的新鲜、干净和清香。顺着我的目光，母亲也仰起头来看，她溢出笑："明天，给你们摘条丝瓜烧来吃！"我们连连点头。

　　从小到大，瓜类菜蔬中，丝瓜最深得我心，黄瓜吃了两段后，嗳气会泛出一股黄瓜的酸味。冬瓜又太清淡了些，不配鸡肉、骨头来烧，简直不知道冬瓜有什么味道；南瓜倒是香甜可口，但吃多会胀气；唯有丝瓜有种独特的清香味，不论炒菜、烧汤都让人欲罢不能，相比菜园子里的其他瓜，丝瓜最绝妙的地方是瓜皮可以削下做菜吃。

　　翌日，母亲摘了两条鲜嫩的丝瓜，用刨子刨下丝瓜皮，碧翠色的瓜皮不丢掉，浸泡到浆白色的淘米水里去，外青绿内莹白的丝瓜瓤肉用刀剖成段，留着烧汤喝。丝瓜一种，母亲却可以做出两道菜来，丝瓜皮从淘米水里捞出，用清水冲洗干净，切段备用，取出家里的草鸡蛋三五只，搅打成蛋液，下油锅里煎成金黄腴嫩的蛋皮，倒入丝瓜皮大火热油爆炒，顷刻，一盘碧翠金黄的丝瓜皮炒鸡蛋就出锅了，吃一口，蛋皮嫩香，丝瓜皮清香，两股香气在口腔里交汇，只让人赞叹。大铁锅里倒水加豆油煮开，倒入丝瓜瓤肉，等到汤沸，放一把细茶馓，茶馓一入汤里，即刻舀汤装盘，一盘馓子丝瓜汤端上桌来，馓子香脆可口，丝瓜汤鲜香清美，实在是一绝。

童年时，我特别爱母亲用丝瓜制作的这两样美食。成年后，我自己尝试过用丝瓜皮爆炒木耳、丝瓜肉圆汤、丝瓜小鸡汤，也都极其鲜美，但我每每去见母亲，还是愿意母亲把我童年时的吃食还原，每每这时，我总感觉自己还是小孩子。

到了立秋往后，丝瓜藤渐渐地干枯起来，丝瓜就一日老似一日，它们身上的颜色慢慢地由青转黄，皮都有些脱落了，此时的丝瓜吃不得了。母亲让丝瓜们待在藤架上，在阳光雨露中与藤蔓同枯共老，直到丝瓜们变成了细网状的枯黄色的老丝瓜瓤子。老丝瓜瓤子采摘下来，挂墙上风干后自有妙用，它们是最好的洁具，用老丝瓜瓤子来洗锅抹盆，极其顺手好用，超市里可见老透的丝瓜瓤子在售卖。

丝瓜的一生，常常让我想到农村里那些最朴素的父母亲，把一生都献给了儿女，不到最后一刻，绝不罢手。

就好像我邻居家接来的老母亲，她七十又三患了癌，可是她却趁着孩子上班的时候，翻出家里尘封多年的泥耙，把屋后一米见方的地犁了一遍，要种丝瓜。我从她旁边走过，她告诉我，要栽下些丝瓜秧，在儿女们吃腻鸡鱼肉蛋的时候，煮些丝瓜汤给他们喝，那汤滋味甭提多香了！邻居知道了，对她吼，"谁让你干了，你好好歇着，不能吗？"知道邻居的焦急，老太太老且病了，因为瘦，全身皮肤褶皱连连，多么像挂在墙上风干了的老丝瓜，而她竟然还要种丝瓜？可是老人，也许所有的老人都是这样的，不愿老，不想老，邻家的老母亲，我的母亲，她们愿意自己是当初新藤上最鲜绿的丝瓜。青青翠翠的好年华，丈夫、孩子还有老人，谁都需要她！他们都围着她，问着她要衣穿，要饭吃……但病痛和时光还是让她们成了老丝瓜，满身的皱皮囊和七病八痛，她们或许只能做孩子们洗锅抹碗的洁具了吧？她们也是甘心情愿，快乐的！

而丝瓜，大概也是因为觉得幸福，才把瓜皮、嫩瓜瓤、老瓜瓤都奉献给种它的人们。

冬瓜的美意

菜园子里照例长了许多的瓜果菜蔬，它们是土地生出的娃娃，各有各的性格、腔调，乡村主妇们摸着了它们的脾气，总能把它们养得苗壮。

丝瓜、黄瓜都得先给它们搭一副高架子，让它们从地上一路攀爬到架子上去，六七月份的时候，累累的黄瓜、丝瓜就挂在架子上招摇，每每有风吹过，架子上的瓜就摇摆晃动，丝瓜、黄瓜们的那副得意就像母鸡生了蛋咯咯地叫，生怕人不知道。长在地上的南瓜也娇气得不得了，要是主妇们忙得忘记了去"套花"，所谓套花就是特地掐了雄花套到雌花的花心里去，那就等着南瓜小里小气的一个瓜也不结吧，就像生了气的小女朋友，准给你一个闭门羹。唯有冬瓜丢下了种子在地里，它们就慢慢地出芽、长叶、生出藤蔓、结了一个小小的瓜纽儿，过几日去看，瓜有小孩子吃饭的碗大了，碧莹莹的，煞是娇嫩好看。又过几日去看，冬瓜有小孩子睡觉的枕头那么长了，粉白粉白的，俏生生地躺在地上，就像哪家的婴儿酣睡在床上。再过些日子去看，冬瓜长到成年人的单人枕那么大啦，身上的刺也脱落得差不多了，主妇们忍不住高兴起来，冬瓜没费上什么力气就长得波澜壮阔，那模样颇如富贵人家花园里的巨石，"巨石"可吃，只等人采摘，怎么能让人不喜呢？

看唐鲁孙的《中国吃》，里面写到上海南京路的新雅，说这家店最受顾客称赞的是小型冬瓜盅，且这冬瓜只有台湾地区生产的小玉西瓜一般大小，又鲜又嫩，肉厚皮粗的大冬瓜，与其不可同日而语。

看到这里，我颇不平，什么？肉厚皮糙的大冬瓜？这是不是城市里有钱人的势利眼？我总觉得我们乡下菜园里的冬瓜像个卧佛，有"汪汪如万顷之陂，澄之不清，扰之不浊"的深广气量，不要人们费事搭瓜架子，不要人们去套花，悄无声息就长成了。乡村主妇们弯下腰，叉开两只手哼哧哼哧地把只大冬瓜搬回家里去，可以随意食之。袁枚的《随园食单》上写道："冬瓜之用最多，拌燕窝、鱼、肉、鳗、鳝、火腿皆可。"在我们乡下，虽没有燕窝拌冬瓜这些奢侈吃法，但冬瓜的家常吃法也多，可炒食亦可做汤。

我吃过至今难忘的冬瓜，是我少年时的同学给做的一盘冬瓜炒毛豆。彼时，她十四岁，我十五岁，她的父母亲养蟹为生，他们在蟹塘上住，她家没有菜园子，上学时她寄宿在当中学老师的表哥家，等到节假日就邀请我同去她家，她自己做饭来招待我。那个假日，我们刚到她家，她的邻居二婶就送来一段冬瓜和一把毛豆，中午的时候，她就给我做了一盘冬瓜炒毛豆，盘子里，冬瓜莹白，毛豆碧绿，两种植物的清香交融在一起，鲜香可口，我俩把盘子吃了个底朝天。现在的她开了一个公司，养活了几十个人，忙得脚不沾地，家里用着帮佣，我说起年少时候她做的冬瓜炒毛豆，她说二十多年没做，现在做不好了。

在我们村上，炒冬瓜吃的人家似乎并不多，冬瓜大多是用来烧汤，比如冬瓜排骨汤、小鸡炖冬瓜汤、肉膘火腿冬瓜汤、冬瓜烧鹌鹑蛋汤……冬瓜汤最大的特点是不油腻，清鲜爽口。

我觉得冬瓜如佛，它最大的美意，是分而食之。一条枕头样的大冬瓜，主妇一刀横切下去，就是硬币厚的一段圆冬瓜，这段冬瓜足够自家炒食做汤。剩下的，切成差不多厚度的圆段冬瓜，送邻居家去。自家菜园子里长起来的冬瓜，不留着自家吃，送人干什么？吃不完的，三两日后冬瓜就坏掉了。即便后来日子好了有了冰箱可以储存各类吃食，村庄上的主妇们也不蓄存冬瓜，冰箱保存过的冬瓜口味远远比不得现摘的。有人家切冬瓜的那一天，相邻的四五户人家都会做冬瓜吃食。下一次，邻居家菜园子里的冬瓜熟了，又是一次集体吃冬瓜的日子。

　　在乡村，数户人家同吃一个冬瓜，是贫瘠年代里一直延续到如今的温暖和欣悦。

沉默的豌豆

我小时候，有个童话故事在我们小孩子中极负盛名，是安徒生写的，一位王子想找一位真正的公主结婚，一天一位自称公主的姑娘前来借宿，老皇后为了试验她的真假，就把一粒豌豆放在她的床上，又在豌豆上铺上了二十条被子，第二天，公主觉得有东西膈着了她，他们断定这是一位真正的公主，并称她为豌豆公主。

豌豆虽然在童话故事里是极其重要的道具，但在乡下却没那么崇高的地位。在乡下，豆子的种类多得不可胜数，不要搭架子长的有黄豆、蚕豆、豌豆。相比黄豆、蚕豆，豌豆似乎不讨大人们的喜，他们把好田好地都派给了黄豆、蚕豆们，只留下菜园里的一个小角落长豌豆。

春天的时候，我们在围埂上疯跑着放风筝，大人们总是要心疼地呵斥："你们这些小崽子，不要把黄豆、蚕豆给踩坏了……"黄豆、蚕豆都还是刚出土的小嫩苗，影儿也不知道在哪儿？豌豆苗他们就不管不问，自己也去糟蹋，新出土的豌豆苗，茎叶碧绿色，叶子是娇小可爱的椭圆形，主妇们趁着豌豆苗最鲜嫩的光景用手去掐，她们一点也不心疼豌豆，每次一掐起那新苗就是大半篮子，新鲜的豌豆苗用来炒着吃，我见过母亲拾掇豌豆苗，回来后清水洗干净，把锅烧热，倒油，放豌豆苗爆炒，搁盐、糖，无须味精，装盘，这一盘子豌豆苗上桌，家里的大人总是一边吃一边夸："好吃，好吃。"

我们小孩子对蔬菜都是不大入眼的，直到成年之后才知道这极其普通的豌豆苗确实是一道上好的佳肴。唐鲁孙在《中国吃》里写中国戏曲的一代宗师梅兰芳至恩承居必点鸭油素炒豌豆苗，炒菜之油绝对用鸭油，毫无掺假。豆苗都用嫩尖，翠绿一盘，腴润而不见油，入口清醇香嫩，不滞不腻。

我做小孩子时曾暗自揣测，大人们大概愿意豌豆苗永远不老，可以让他们掐嫩苗来吃，我们小孩子恰好相反，巴不得豌豆苗快快长老结豌豆，豌豆是我们的最爱。豌豆藤上结了细长的豌豆荚了，我们去摘，摘下一条条豌豆荚在手里像抓了一条条小鱼般令人喜悦，剥开豆荚，一颗颗碧绿的、宝石一样的豌豆静卧其中，捡起一颗放入嘴中，又嫩又甜，赶紧把豆荚里剩下的两颗豌豆一起倒入嘴中，清香甜嫩。要趁其鲜嫩时多吃一点，过两日豌豆长老了，里面的甜味和水分就消失了。

母亲还常常用嫩豌豆做菜，一种是盐水煮豌豆荚，把豌豆荚摘下，用剪刀剪了豆荚的一头，放水里煮，搁盐，这清煮出来的豌豆荚有特别的清香咸甜，是无上的美味。二是剥了豌豆米儿，用家里腌的小咸菜来煮，小咸菜煮豌豆的滋味鲜嫩咸香，祖父用来喝酒，我们用来佐饭吃粥，都是极好的。

长大后看毛姆的《寻欢作乐》里面写一位作家和他的妻子请客，有这样的一道菜"嫩豌豆。"不知道外国人的豌豆是怎么吃的？

等到豌豆长老，长成坚硬的铁弹子模样，我母亲似乎也不像收黄豆、蚕豆那样赶着天时日头去收豌豆，收也不大收，任它们自由生长，我只记得，到了第二年那块长了豌豆的边角料地上，仍是一片碧绿的可供采摘的豌豆苗，过些日子又有了可供孩童、大人做吃食的嫩豌豆、老豌豆。

乡下豌豆的一生是从叶到果都奉献给了人们，尽管它们并没有受到人们竭尽全力的呵护和优待，想想乡下豌豆的一生就心平能愈三千疾，不管给我什么样的地，不管外人对我的态度是厌弃还是恩宠，我沉默地自长鲜美的叶，好吃的果，好好过完我的一生。

且将蚕豆伴天光

小时候，我所在的村庄家家户户种蚕豆。乡人称种蚕豆为点蚕豆，用"点"字，大概是因为种蚕豆的方式简单易操作，大人小孩都做得。清明前后，在打算长蚕豆的地儿，随手挖个浅浅的小圆坑，丢上两粒去年留下来的蚕豆种，埋上土，每日浇一次水，蚕豆就会发芽、长大、开花、结果。乡人都是上好的统筹规划师，大田里种上麦子，围埂上就点上两排蚕豆；菜园中间种青菜、韭菜、辣椒、茄子，边角上辟出一角来点上蚕豆。我母亲常说："好钢要用在刀刃上！"对村庄上的人来说土地是好钢，蚕豆却不是好刃。小麦、水稻、黄豆、菜籽……都是乡人眼里的"好刃"。蚕豆不像小麦、水稻能做主食，也不像黄豆、菜籽能榨出油来。

蚕豆的好就是不管别人觉得我重要不重要，也不管把我种在哪片地上，我该发芽发芽，该开花开花，该结荚就结荚，生机勃勃地长着，结累累硕果。

我们小孩子常大路不走，走围埂上抄近路去上学，看见围埂的豆秆上缀着一根根成年人手指头那么粗的蚕豆荚，偷偷地摘下几只来，剥开来，蚕豆儿长得丰满肥硕，像一个婴儿憨睡在白棉床上般，我们可顾不得什么了，赶紧把这碧绿的嫩蚕豆扔进嘴里去，这蚕豆嫩生生、甜津津、水滋滋，好吃。等学到鲁迅先生的《社戏》，文中写他和小伙伴们去偷罗汉豆煮来吃，罗汉豆是蚕豆的另一个名字，我们真是会心一笑，蚕豆就是能这样诱惑我们小孩子。

要不了几日，蚕豆就长大了，挤满了豆荚，豆荚鼓胀饱满，这时候母亲们就会动手摘豆荚、剥豆荚，一粒粒结实的蚕豆活泼泼地从豆

且将蚕豆伴天光

荚里跳了出来。此时，我们小孩子可以光明正大地吃蚕豆了。我们有自己的一套吃法，取出母亲缝被子的粗线和大头针，把一个个蚕豆仁像穿珠子一样穿起来，等穿成一挂长得可以套头的蚕豆项链就打了线结，把蚕豆项链交给母亲，请她帮我们煮熟，母亲自然是愿意的，她在大铁锅里放水，把我们几个小孩子的蚕豆项链都放进水里去，再搁上一点盐，把锅烧沸，等蚕豆煮透了，灶膛里的余温也尽了，捞出蚕豆项链放冷水拔凉，我们常常急不可待地捞出冷水中的蚕豆，套到自己的颈项上去，然后赶紧奔出门去，想在其他孩子的面前显摆，不用说，其他孩子的脖子上也套着一串长长的蚕豆项链呢。

我们做我们的蚕豆游戏，母亲自煮蚕豆咸菜给我们佐餐饭，把蚕豆仁倒入锅中添水煮到七八成熟，抓一把小咸菜丢进去同煮，煮好的蚕豆小咸菜装在粗白瓷盘里，搛一筷子入嘴，鲜字冲上心头，再品蚕豆，鲜嫩绵软，咸淡适口，佐粥就饭来吃皆可。

吃了餐饭的我们，也要替大人帮忙，我常常帮母亲把蚕豆仁再剥成豆米儿，蚕豆米儿烧蛋花汤是母亲的拿手汤，豆米儿入口即化，汤甚是鲜美。要是逢到母亲的口袋里略有节余，她还会买上斤把五花肉与豆米儿同熬汤，那在我们就好像过了节般欣喜，猪肉豆米汤，白如牛奶，鲜腴香浓。

蚕豆过不了多久就老了，母亲把蚕豆仁收起来，放在箩匾里晒干，晒干的蚕豆仁放在蛇皮口袋里，等到青黄不接之际拿出来做吃食。

到得俗话说的"苦夏"，村庄上的人都要吃好点，来对抗那炎热的天气。夏日的饭桌上，家家户户都要备上几个小菜，有炝黄瓜、咸鸭蛋，也少不了炒蚕豆这一盘就粥小菜。

把袋子里的蚕豆舀出一碗来，在铁锅上用小火慢慢焙，直到蚕豆的香味爆出来，用铲尖子挑出一个，噘起嘴巴吹凉放嘴里，没有生豆的豆腥味，又不黏牙，就炒熟了，装起两铲子放在碗里给牙口好的小孩子当零食吃。其他蚕豆放水大火焅煮，炒蚕豆想焅烂是不容易的，下了烧火的真功夫，把锅里的水都焅煮干后，这蚕豆还是半酥不烂，有人就喜欢这口感，有嚼劲，拍上几个蒜头一拌，装盘。这蒜头蚕豆做下酒菜不比花生米差，还有些牙齿的老人也能吃上一二。

老蚕豆想谁都能吃动，还有另外的法子，先用冷水把干老的蚕豆浸泡上半天，再把浸泡好的它们装进密不透风的塑料袋子，等它们长出芽子来，加入八角等调料进行焅煮，这就是有名的五香蚕豆。

到了冬天，菜园子里萧瑟一片，没什么菜蔬可吃了，母亲就让我们劈老蚕豆来烧汤。劈老蚕豆我是一把好手，我家的旧餐桌上有一条大缝口，母亲从来没想过要修补它，缝有缝的用处，这条缝口留着倒插菜刀，菜刀背插在缝口里，菜刀刃朝天，而我们就把蚕豆仁扶在菜刀刃上，一手扶蚕豆，另一手持根小棍子，小棍子对准蚕豆的尾部一敲，蚕豆就劈成了两半，两瓣蚕豆片就像连体婴在外力下分离，把劈好的蚕豆放到温水中去浸泡，蚕豆皮很容易就脱落下来。剥好的蚕豆米下锅里，打上鸡蛋烧汤来喝。要是家里连鸡蛋都没有了，那就加咸菜，咸菜豆米汤也鲜。这蚕豆米的汤虽赶不上新鲜时候，但也自有其独特的口味。

我们有时候还偷偷地把母亲让我们劈来做汤的蚕豆留上一把，等烧柴火的时候，把蚕豆搁在火钳上，用灶膛里的火烤来吃，我们小心翼翼端着火钳，生怕蚕豆从火钳上蹦下去，自己烤好的蚕豆，吃起来一个字，香。

宋人舒岳祥在《小酌送春》里有诗句："莫道莺花抛白发，且将蚕豆伴青梅。"岂止是诗人在春天那短暂的辰光中得"蚕豆伴青梅"的快乐？其实，乡下的蚕豆在每一个平凡的日子陪伴着平凡的人们度过春夏秋冬无数的天光，每一份有蚕豆的辰光里都自有一份温情暖意。

亲亲毛豆

我是乡下长大的孩子，打小就认识毛豆。从乡人们在田头垅上挖个手掌心大的浅坑放入几颗毛豆种子到长出娇嫩嫩碧翠色的毛豆苗，从毛豆苗蹿成半人高的葱郁结实的毛豆秆，到秆上结出一条条柳叶儿形状的毛豆荚，我都一一见识过。毛豆长在地里的时候，我不喜，茎秆上是毛、豆叶上是毛、豆荚上也是毛，皮肤碰触到哪儿，那里就痒成一片。偶尔，我们斗胆摘了一颗嫩豆荚，剥开来，把毛豆放到嘴里，你以为会吃到豌豆的嫩、蚕豆的甜？那就要大失所望了，嘴里会涌起一股青涩土腥味，要你不得不吐出来。

小时候不懂得毛豆，长大后回过味来，这恐怕算得毛豆的聪明，它们不甜，免遭了顽童或者一切不怀好意人的"毒手"，它们将来是要长成结结实实的黄豆，做"榨油"的大事，成了人们开门七件事中"柴米油盐酱醋茶"中的一件。

毛豆生吃不好吃，但煮来吃却是绝妙好滋味。毛豆正青的时候，我母亲隔三岔五去毛豆秆上摘毛豆荚，一摘就是大半篮子，她把长得稍瘪的豆荚挑出来，用剪刀剪掉豆荚两头的尖嘴儿，洗干净了，在大铁锅里放水，倒入瘪豆荚，煮沸后搁上一点儿盐，再稍稍焖煮，装盘，这盘碧翠色的盐水豆荚端上桌来，全家老小全都爱不释"嘴"。我捡了一只豆荚，放嘴里用牙齿横在豆荚中间一挤，嫩豆粒儿就慌忙不迭地跌到我嘴里来，我细细地咀嚼，青毛豆那种特有的生动活泼的清新鲜嫩，在嘴里跳跃，摁都摁不住，让我忍不住一只豆荚接一只豆荚地往嘴里捡。老祖父必定拿了他的酒瓶子，倒上一小瓷杯的白酒，捡两三只豆荚吃了，喝上一口白酒，他那满足的神情好像在吃什么无上的美味。

　　母亲又从那饱胀胀的豆荚剥出毛豆粒儿来，用毛豆粒儿炒冬瓜片给我们做中午的菜，或者用毛豆粒儿煮小咸菜给全家人晚上佐粥吃。鲜毛豆粒不但可配素菜来烧煮，如果用猪肉、牛肉等荤菜搭配来烹炒，那毛豆菜肴则显得更鲜香可口，滋味卓绝，只不过那时候家贫，不来亲到客，母亲舍不得买肉。

　　我吃过的最好吃的毛豆炒猪肉丁是我表姐做的，那会儿，我还在那所偏僻的乡村小学里教书，到了落雨天，回家的路就泥泞不堪。我表姐就在那所小学附近的村庄上住，那天，我刚准备挽起裤脚往回赶，没料到，我表姐穿着套鞋、雨披，拎着饭盒给我送中饭来了。许多年过去了，我依然记得有毛豆炒瘦肉丁这一道菜，记得当时尝到嘴里毛豆鲜、猪肉香，猪肉去掉了毛豆的土腥味，毛豆又消除了猪肉的浑浊气，真是相得益彰，香嫩腴美。那时节，姐夫还没有做包工头，只是一个泥瓦匠，那顿美食颇费姐姐的心血吧？

　　有些毛豆留在豆秆上由它们自长，等到秋天收稻谷的光景，青豆长成了黄豆，用镰刀轻巧地割下毛豆来，放在太阳下晒，用棍子捶，毛豆们吓得连滚带爬地从豆荚里蹦出来，把毛豆晒干收集到口袋里去。现如今人们不称毛豆为毛豆了，一律说黄豆，毛豆就像上了年纪，德高望重的老人了，没有人叫他们从前的乳名，就好比村里的小明子到老了，人们都要尊称一声明大爷。

　　黄豆依然是人们喜欢的吃食，晚上没有佐粥的菜，就炒一盘盐霜黄豆来吃，把黄豆下锅翻炒，等黄豆发出噼里啪啦的爆裂声，大概就熟了，兑了盐水，眼疾手快地"哗啦"一下泼到锅里去，黄豆就好像在过冬天，披了一身的霜，这就是盐霜毛豆，用来喝粥、佐酒极好，只是牙口不好的人不宜多吃。也有人家为了兼顾家里老人的牙口，把这盐霜黄豆再添水大火焯煮，这煮出来的盐水黄豆就是周作人写的鸡肫豆。周作人写:"为什么叫做鸡肫的呢?其理由不明了,大约为的是嚼着有点软带硬,仿佛像鸡肫似的吧!"

老黄豆更大的作用当然是榨油,黄豆榨出的油,有浓浓的豆香,那时用豆油来炒菜平常人家舍不得,一般都是用豆油来熬汤,豆油熬汤,不论什么样的材料,即便一块五毛钱的豆腐也能烧得奶白奶白,让人不胜喜欢。十斤装的一塑料壶的豆油是村里送人的最高礼节。

纵观毛豆的一生,真是有性格、有脾气、有作用,所以人们也一直爱它们亲近它们,蚕豆、豌豆种不种不要紧,田边垅头毛豆绝不可能缺席,做人亦可从毛豆身上学得一二。

咸菜滋味

每年的二三月里，母亲会选个好日头，腌咸菜。从菜园子里，把大棵大棵的青菜拔回来，用刀削去沾着泥土的菜根，把去根的青菜摊在自来水龙头下冲洗干净，像晾衣服那样把青菜一棵棵挂在晾衣绳上晾上一天，借日光蒸发菜棵上的水汽。

晚上，在灯光下，母亲搬来一只洗干净的大木桶，把晒得一丝水汽也没有的青菜成篓地搬到桶边，在木桶里架了刀，摆上砧板，开始切菜，切得碎碎的，把菜切成五角硬币般大小。切菜的声音，咯吱咯吱地响，就像踩在冬日的积雪上，颇动听。

装满碎青菜的大木桶就像一泊小小的绿色的湖，母亲开始往"绿湖"上撒细白盐，并上下翻搅这"绿湖"，使盐均匀地浸入"湖"中每个角落。接下来就要挤菜汁了，父亲只要在家，他一准会帮忙，只见父亲把他那粗树枝般有力的手掌伸入"绿湖"中去，握起一团青菜叶来，用劲挤压着，碧翠的浓稠的菜汁水从他的手指缝间汩汩地流出、渗出，滴落到木桶里。那深翠色的汁水漂亮得可以给我们作美术课上绘画的颜料。掐好的碗口大小的咸菜团子，则一团团堆放在面盆里准备入咸菜坛子。

咸菜坛子倒不必贵重，一般人家都用瓦坛子，不过这瓦坛子得干净，一星儿水汽不能有的干，一星儿灰尘不能有的净，还有一丝风也不能透的严实。母亲把咸菜团子抓进腌菜坛子里，摊铺成薄薄的一层，然后用拳头压实，再铺一层，再用拳头压实，就这样铺一层压一层，本来满满一大桶的咸菜最后只装了小小的不过一尺半高的一瓦坛子。咸菜坛子的封口也有讲究，母亲先用一张塑料薄膜纸盖在坛子口上，用有弹性的橡皮筋绳子扎紧薄膜纸，再往封好的坛口上盖一层厚纸，最后压上一块石块或者砖块。什么时候才能吃到这瓦坛子里的咸菜？那日子在母亲手里握着。

不过，母亲也短不了我们这些"馋猫"吃的，她早装了一大海碗掐了汁的咸菜放在一边没入坛。等到第二天喝粥的时候，她就取出一小碟子，往碟子里装了绿色的咸菜，把这咸菜用香油、菜籽油一拌，搛上一筷子吃在嘴里，清甜嫩脆，鲜香沁人。汪曾祺先生在《故乡的食物》里写：腌了四五天的新咸菜很好吃，不咸、细、嫩、脆、甜，难可比拟。

我母亲称这新咸菜为"报应咸菜"，她会唤端碗吃饭的邻人："来，吃我腌的这报应咸菜……"年幼的时候，心里琢磨过母亲为什么称这咸菜为"报应咸菜"？现在想来不过是现做现吃的意思。我还在心里计较报应咸菜也很好吃，为什么还要费劲劳神地把咸菜装坛封存起来？长大后明白过来：这是乡人朴素的储物观和生活观，他们是在未雨绸缪，有的时候想着无。

我母亲除了把青菜切细碎后腌，也腌整棵菜，整棵菜的腌法如清代朱彝尊的《食宪鸿秘》里所写："白菜一百斤，晒干。勿见水。抖去泥，去败叶。先用盐二斤叠入缸。勿动手。腌三四日。就卤内洗。加盐，层层叠入坛内……"我母亲用这种腌法腌出的整棵菜，我们不大喜欢吃。因此，平日里她还是腌细咸菜的多。

等到大冬天，菜园子萧索一片，青黄不接，母亲就开了咸菜坛子，只见小小的坛子口现出一片金黄色。母亲把金黄灿烂的咸菜抓一把在白瓷碗里，端给我们看："你们看，黄澄澄的，闻闻看，香呐。"她的语气里充满了自豪。是的，有妇人不会腌咸菜，腌菜坛子一开启，一股难闻的臭味立刻从坛子里飘散出，直熏得人站不住脚，这样的妇人要被村里的主妇暗地里不齿。

在我们家乡，咸菜的吃法实在太多，《食宪鸿秘》里写道："夏月温水浸过，压去水，香油拌，放饭锅蒸食，尤美。"家里经济窘困时，这种蒸食法是我母亲的拿手好戏，把咸菜从菜坛子里抓出来，用温水稍稍淘洗，淘洗后加入菜籽油、香油，撒一点儿味精放在饭锅上蒸，饭熟后，咸菜也熟了，撒上青翠的小蒜末儿，稍加搅拌端上桌来，热的白米饭碗里埋上一块猪油，猪油拌饭配炖小咸菜就是一顿让我们心满意足的午餐。

汪曾祺先生写："一到下雪天，我们家就喝咸菜汤，不知道是什么道理。"在没有新鲜蔬菜的时候，我母亲也烧咸菜汤，她做过咸菜蛋花汤、咸菜豆米儿汤，咸菜汤鲜是真鲜的。

咸菜用来烧菜是条件好起来以后的事。咸菜烧鲜毛豆、咸菜煮小河虾都是母亲日常的拿手好菜。咸菜配烧出来的菜肴一个最大的特点就是鲜，明明是腌制品，可是烧出菜来，鲜得人眉毛都要掉了，家乡有些饭店里也用咸菜烧野鸡来招揽外地顾客。

我吃过的最好的一顿咸菜烹制的菜肴是在我大舅舅家吃的。那一年我考上师范学校了，不久就要出远门读书了，家里亲戚纷纷开始准备送行的饭，舅舅也邀请我去吃饭。时隔多年，我还记得有一盘咸菜烧野田鸡，舅妈从褐色的咸菜里拨了肥硕的田鸡腿放我碗里说："这是你舅舅昨儿晚去在沟渠里蹚摸到夜里十二点找回来的野田鸡，尝尝看，香不香？"我把那白玉一样的一段肉放进嘴里，只觉得一点都不柴，比鸡肉嫩，比猪肉香，腴嫩鲜香，滋味卓绝。为了表示我的明理懂事，会做走亲戚的人客，我自己又捡了些咸菜来吃，那咸菜竟比从前我吃的任何一种咸菜都好吃，滑嫩甜咸，鲜香得无可比拟。

　　回来后，我妈就问我大舅妈给我烧了什么吃的，我兴致勃勃地告诉她烧的是从来没吃过的咸菜烧野田鸡，味道可真是好得不得了……我妈微微地笑了，看来她也觉得这道咸菜野味代表了舅舅舅妈对我真诚热烈的爱。

性格菠菜

母亲在菜园子里种植了蔬菜，这地里黄瓜、茄子、小青菜，那地里韭菜、南瓜、西红柿，但这一众菜蔬谁也没有菠菜来得有性格。若把菜蔬们用《红楼梦》里的丫头来打比方，菠菜就是撕扇子又病补雀金裘的晴雯。

先从菜种子说起，我母亲喜用报纸包着各类菜种子，打开报纸包来看，只见别的菜种子都呈光滑、细小、圆溜溜状，一眼看去十分惹人怜爱，唯菠菜的种子是三角形的，带着尖头，一不小心就戳了手。这菠菜种子可不是像总用话语来戳人的晴雯?

母亲把菠菜的尖角种子撒到土里去，浇点水，它们就泼辣辣地长出来了，叶子碧绿，像一根根漂亮的绿羽毛，可以拔出菠菜来吃了。拔菠菜，另有一份惊喜，别看菠菜通体碧绿，植在地下的根却是红色的。难怪人们把菠菜比作"红嘴绿鹦哥"。

菠菜拔回来，我母亲常常是这三种做法，单独清炒、猪肉丝炒菠菜、鸡蛋炒菠菜。三种做法，各有其美，清炒出来的菠菜，清鲜里有一份甘甜，那丝甜味是小青菜、韭菜里都没有的。菠菜当季时，但凡来亲到客，母亲就要做肉丝炒菠菜，去猪肉摊上剁了猪肉，回来切成丝，热锅爆炒肉丝到九成熟，倒入菠菜，稍稍翻炒，装盘。盘子里的菠菜嫩滑鲜甜，肉丝香嫩不腻口。万一没买到猪肉，就用家里的土鸡蛋炒菠菜，土鸡蛋打入碗中搅成蛋液，蛋液摊成蛋皮，菠菜清炒至五成熟倒入蛋皮烩炒，装盘，碧绿菠菜装盘底，金黄鸡蛋覆盖在菠菜上，是唐诗"两个黄鹂鸣翠柳"的意境，再吃上一口，鸡蛋香，菠菜甜嫩，是秋冬里的美味。

性格菠菜

袁枚在《随园食单》写菠菜，他说："菠菜肥嫩，加酱水、豆腐煮之。杭人名'金镶白玉板'是也。如此种菜，虽瘦而肥，可不必再加笋尖、香蕈。"我母亲也用菠菜、豆腐或者鸡蛋煮过汤，但绝不加酱水。袁枚说菠菜虽瘦而肥，大概说的是菠菜的体型瘦小，但口感肥润，营养价值高。假如要我点评菠菜，就是我在上文中所提出的观点，她是众菜中的"晴雯"，晴雯对秋纹说："要是夫人的东西给过别人了，再好些给我，我也是不要，就你当个宝呢！"菠菜也是坚决不跟其他的菜同桌上席，我母亲知道它的脾性，如果那天炒了菠菜，就不再烹煮青菜，如果，谁硬是期盼左盘菠菜，右碟小青菜，那他只能品尝出一嘴的苦涩来。

我们村庄上也有主妇用菠菜来做馅包包子，菠菜棵小，拾掇菠菜包包子，是费些工夫的。我母亲不大肯费这事，当然更大的原因是菠菜做馅心包包子，只是初出笼好吃，若一次吃不完回笼再蒸食，菠菜就全部黄掉，失掉了那份鲜美！菠菜馅的包子吃的是刚出笼的鲜美。

有一年放寒假，小姑特地打了电话让我去她家吃包子。我到了小姑家，晚上小姑父、小姑蒸起了包子，小姑给我和表哥端来了满满一大盆的包子，我抓起一个，咬开吃来，竟然是我很少吃到的菠菜猪肉馅。小姑站在我身边，连忙问我："好吃吗？小姑包的包子好吃吗？"我连连点头，嘴里又咬上一口，边咀嚼边咕哝着说："好吃，好吃，这是我第一次吃到菠菜馅的包子。"

小姑喜笑颜开地说："是的，知道你喜欢吃菠菜，我特地蒸了几笼菠菜包子，先把菠菜包子蒸给你们吃，管够，接下来就要蒸萝卜包子、青菜包子了……"

　　小姑急忙忙又去厨屋了，我咬着菠菜包子觉得鲜甜可口，想着我的小姑也是晴雯一般的人物呢。虽说母亲与她因家事生过嫌隙，但她该补"雀金裘"就补"雀金裘"，该对我们好，她自用心对我们好，一点也不计较我母亲的嗔怪怨责，小姑的菠菜包子成了我记忆里永远难忘的吃食之一。

慈姑的格

小时候，每逢春节前夕，母亲都要囤一些菜蔬，红白青三色萝卜、雪白身子金色叶的黄芽菜、碧翠惹眼的菠菜、水灵灵的葱蒜……其中有一样——慈姑，我们小孩子不喜。

慈姑其实长得挺可爱，它们像一把把缩小版的锤子，慈姑的锤子头有的小如鹌鹑蛋，有的大如乒乓球。未打理的慈姑，"锤子头"半腰身里有一围细苇帘一样的外皮，像锅灶上忙碌的女人扎了一围裙在身。母亲常让我收拾慈姑，我先剥去慈姑"锤子头"上的"围裙"，再掀去"锤子柄"上依附的外壳，这些活我手到擒来。只是我们嫌慈姑吃起来有苦味。母亲不听我们的，她说："慈姑哪里苦？一点都不苦！你们小孩子不吃，我们大人要吃呢！"她想想又接着说："你们小孩子懂什么？慈姑是'弯弯顺'，又叫'吉祥'，一年到头，家里没有吉祥像话吗？"

汪曾祺先生写他儿时的家里，每逢下大雪就会烧慈姑咸菜汤。我的家乡盐城与汪先生的故乡高邮虽然同属里下河地区，慈姑倒是从来没有与咸菜搭配来烧汤，想来那是他家厨娘的随意为之。我母亲这样烧慈姑：慈姑豆腐羹、慈姑烩肉膘、五花肉烧慈姑、肉圆慈姑汤、青菜慈姑汤……

春节前买慈姑，当然是为了做大年初一的那道慈姑豆腐羹。大年初一，"一元复始，万象更新"的日子，慈姑豆腐羹是新年餐桌上的开年菜。素日平常，办红白喜丧宴的人家，宴席上的开席菜也是这道慈姑豆腐羹。人们取"慈姑豆腐羹"为开年菜、开席菜，自是因其美好寓意，"羹"这个字谐音"根"，取义为"根实"，代表拿出这道菜的人家品性高洁，豆腐即是"陡富"，慈姑又名"吉祥"，则表示吃这道菜能迎祥纳瑞。

我母亲做过乡村厨子，我曾见过她做慈姑豆腐羹，把慈姑、豆腐、蛋皮、茶干、猪肉、猪油渣……切成碎丁，大火熬煮，用淀粉勾芡做成羹。尽管慈姑豆腐寓意美好，我却不喜欢吃。只因经大火之后慈姑豆腐羹里其他食材，肉丁、茶干丁、豆腐丁等都变得柔软爽滑，唯有慈姑还是硬杵杵的，丝毫不绵软，使那滑溜溜的羹食吃在嘴里真好像鸡蛋里有骨头。

我个人的喜好在众口交赞的慈姑豆腐羹面前不值一提，慈姑豆腐羹尤其受冬日吃宴席的人们喜欢，几勺子羹吃下肚，浑身暖洋洋，呼朋引伴，谈笑风生。到了宴席半中，慈姑烩肉膘上场了，从配色上看，肉膘金黄色，煮熟的慈姑呈象牙白色，装在瓷盘里，颜色相融，一点也不突兀，吃起来肉膘软绵，而慈姑硬杵，牙口好的人，两相交替了吃，倒是相得益彰。童年时候的我，只吃肉膘，不吃慈姑，嫌慈姑有苦味，但慈姑烩肉膘的汤我是肯定要喝上小半碗的，汤鲜，鲜得眉毛要掉下来，这慈姑肉膘汤比鸡汤醇浓鲜美，又不像鸡汤那样油多腻人。

慈姑烩五花肉不上席，是道家常菜，却是我最喜欢吃的。母亲每每使木材烧这道菜，开锅之后，不闻慈姑味，只闻肉香味，肉喷香扑鼻，再看一眼锅里，油光闪亮，真让人迫不及待地想吃上几大块。装在盘子里的肉香浓扑鼻，发出极强的诱惑力，瘦肉自然是极可口的，肥肉也熬出了油不肥腻，我也敢吃。然，窘困的家，吃上一顿五花肉烧慈姑不容易，孩子也得懂事点，不能由着性子只管吃，肉也得给老祖父搛上几块，干重活的父亲也要多留几块。我们吃慈姑，慈姑被猪肉改了性子了，简直就像有些坏脾气的汉子遇到他心上的人，温柔了。慈姑竟然一丝苦味都没有了，尤其好吃的是慈姑纽子，就是小慈姑，吃到嘴里甜津津，连慈姑柄都甜。当然最美妙的是五花肉烧慈姑的汤，到晚上，只剩下汤了，倒了红烧汤卤来拌饭，我可以一下子吃下两大碗饭来。慈姑红烧肉是我童年时唯一能接受的慈姑吃食。

汪曾祺先生在《慈姑咸菜汤》里还写，他的老师沈从文吃了师母张兆和烧的慈姑炒肉片中的两片慈姑后说："这个好，有格，不像土豆"。沈老和汪老师生俩没有展开说慈姑为什么有格？土豆又为什么没有格，但成年后，经历了风雨的我们，一下子就能会意沈从文先生说的"慈姑的格"。

慈姑的格，那是随便你把慈姑搭配什么样的菜，任凭你使文火、中火、大火，慈姑不会散架，依然是最初的模样，一块不变的铮铮铁骨，不像土豆，烹炸煎煮之后早已不复当初。人世风雨见过，生活曲折经过的沈先生怎么能不夸慈姑有格？

一 米面亲

大年初一的早茶

大年初一起了床，向家里的长辈们道了祝福，就该吃早茶了。一个"茶"字起郑重之意，这新年第一天的日子真是不同以往。往常，家里的长辈叫孩子起床，会这样说："赶紧起来，吃早饭。"饭是平常日子，茶是节日。

这里的早茶不是用茶叶泡成的茶，是指汤食。大年初一的早茶，在我们苏北，多少年来都是吃圆子，有的地儿称为汤圆，我们不，只是称为圆子。为什么不叫它们汤圆？也许是因为这些圆子可汤煮来吃，亦可使油煎炸了吃。光称其为汤圆，委屈了它们。

圆子的制作相比年糕、年饼、包子等面类吃食要显得简单。母亲们通常会在除夕那天的傍晚，才动手搓圆子，拎出糯米面口袋，从袋子里舀出糯米粉放盆子里，倒了热开水来和面，只看见母亲的双手在面盆里搅动、翻转、揉抓，不消半个小时，面就有了生命似的，有了弹性和筋道，任人搓圆捏方。揉好的面通常被搓成小圆子、大圆子两种。

小圆子是实心圆，好搓，揪一小疙瘩的面团儿在手心里，两手掌相对而搓，三五下就搓成熟鸡蛋黄大小的圆。小圆子大用处，除夕的晚上就要派它们上场了，主妇们要辛苦小圆子"压锅"，灶上每一只大铁锅都刷得干干净净，连一颗水珠也用抹布抹干了，每口锅的锅心里被放上五六只不等的小圆子，用数字"五"代表五路财神，六当然就是六六大顺啦，这就是压锅。"压锅"是村庄上的古老风俗，寓意大概就是"陈年锅里有，吃到来年九月九"。

相比小圆子，大圆子制作起来有些难度。实因大圆子要做馅，看《随园食单》上有萝卜汤圆、水粉汤圆，萝卜汤圆的馅自然是萝卜之类，豪气的是水粉汤圆，用松仁、核桃、猪油、糖做馅或者嫩肉去筋丝捶烂，加葱末、秋油做馅。这样奢华的圆子馅，一准是富裕人家的事儿。我们家从前的日子是窘困的，没有闲钱做吃食，大圆子的馅自然得好好想主意，母亲去街市上买猪身上最便宜的那块——脂油，就是猪板油。她把一块白花花的猪板油放在水龙头下洗干净，晾干水汽，切成手指宽的长条块，再往猪油块上擦细白糖，最后把这些猪油块放在搪瓷缸里腌制起来，变成了甜腻的猪油馅。

母亲还自制了些果子馅，就是过年时家家户户都买的糕果的"果"，母亲抓出一捧放在干净的平桌上，将一只竹筒横过来，把果子碾压碎，压成颗粒状，再撒些细白糖，亦装在碗里做馅。后来，我们家的生活日好，从大圆子的馅可见一斑，大圆子馅的种类渐渐丰富起来：猪肉青菜馅、菠菜鸡蛋馅、猪油芝麻馅、豆角牛肉馅……只要我们想吃，母亲都能做出来。

搓大圆子是母亲的拿手好戏，只见她把面捏成了一个深凹的半圆形，撅了一两块的糖腌脂油放在那捏成碗状的面里，又或者朝那碗状的面里舀上一勺子的细碎糖果子，然后十指灵活地抓捏，收起面口，搓圆，就做成了一个小孩子拳头大小的大圆子。

翌日大年初一，大年初一的早茶——煮汤圆照例是父亲做的，他会让忙了整个腊月的母亲好好地睡一个"元宝"觉。父亲使大火把水烧开，把大圆子、小圆子下到水里，添中火，一直煮到圆子能像一群鸭子一样，可以自由自在地漂浮在锅面上，捞起大小圆子盛碗。小圆子带汤盛在碗中，汤碗前摆上成人两个手掌心大小的碟，一碟盛绵细如雪的白糖，一碟盛细腻醇香的芝麻，把小圆子撅在筷子上，去蘸碟子里的配料，可白糖，可芝麻，好哪口就蘸哪口，总之想要的甜香绵软都有。吃小圆子还好，不需要小心翼翼。吃脂油大圆子就不同了，在快要咬开大圆子之前，母亲必定要嘱咐一句："小心烫！"轻轻地咬上一小口，晶亮亮的含有猪油的糖水溢了出来，先前看在我们眼里白花花肥腻的猪油块，此刻却成了透明的水晶样，真好看！再咬上一口，香甜滑腴，真是无可比拟的滋味啊！

小圆子搓多了，等过了大年初一，趁着春节的闲空儿，用菜籽油文火在铁锅里慢慢煎，煎好后，一个个浑身金黄，撒上些细白糖，又甜又脆又黏。请那要好的朋友来喝年酒，一盘油炸小圆子是极好的下酒点心。

近些年的春节，"北风南渐"，北方人过春节喜欢吃饺子的习俗，渐渐传到我们南方来，有些人家也学北方人在春节前包饺子，但我以为，饺子味美也是极美，但要说深刻，略逊我们这里的圆子一筹，年初一的早茶——吃圆子，圆子是音、形、义高度的统一，圆子代表着一家人，团团圆圆。

父亲的早饭

我年幼时，父亲为了养活一家人，除了面朝黄土背朝天去地里刨食，他还常常去建筑工地上打零工，干抬石子、挑砖头、拌沙灰的体力活来赚钱贴补家用。母亲心疼父亲做苦累活，总想让他早饭吃好一点。煮米饭，不合父亲的口味，他嫌一大清早吃米饭，太干。那年头，自家没有保温水杯，工地上也找不来水喝。光熬点稀粥给父亲，又没有咬嚼，不消一时三刻，腹中空空。母亲一心想让父亲吃个有稀有稠的早饭，有一把力气好使。

家里几只面粉口袋里装的就是母亲的主意。面粉袋子里分门别类装着小麦面、碎米面、糯米面，做面饼子耗面粉又忙人，若非逢年过节或者来亲到客，谁家主妇也舍不得划出空子做面饼吃。

母亲有她的灵窍，她从碎米面口袋里舀了半碗碎米面，加些水，倒上一勺豆油，用筷子搅拌成黏稠的糊状备用，她打算粥锅里下豆油面疙瘩。

灶下添柴火把粥锅烧滚开了，用小勺子去舀面糊，勺头上沾上一道面就好，把这勺头上的面团氽到沸粥里去，勺子在沸粥里一划拉，面团就变成了疙瘩跌落到粥锅里。不一会儿，面疙瘩就像一群活泼的小鱼儿上下游窜在粥锅里，接着用大火继续熬粥，粥锅又一次咕嘟着沸腾开来，粥和面疙瘩都好了。

母亲连粥带疙瘩盛上一碗给父亲凉着，等他刷牙洗完脸来吃，不冷不热，正正好。

隔日，母亲会换了一种面来做面疙瘩，换成小麦面，一样是面疙瘩，但口味与先前吃过的碎米面疙瘩分明两样的，碎米面疙瘩吃在嘴里有粗粝感，亏得有豆油香作底子，才显得有滋味。小麦面疙瘩则滑爽柔韧又筋道，有嚼劲，吃起来比吃馒头还爽口厚实。

母亲还会舀了糯米面来给父亲做早饭吃食，糯米面不做疙瘩，是做油糍来吃。我不能确定这吃食名字的正确写法，只是从母亲嘴里听得这样念，问她这"糍"字怎么写？不识字的她如何能回答我？查《现代汉语词典》，我发现"糍"字词典上也没作解释，只组一个词语，糍粑，解释为把糯米蒸熟捣碎后做成的食品。母亲做的油糍，是用糯米面粉来制作的，与词典上说把糯米蒸熟后做糍粑不是一回事。后来，我翻袁枚的《随园食单》看到脂油糕一则，倒是糯米粉做成，但脂油糕的做法也不同于油糍，脂油糕是用纯糯米粉拌脂油，放盘中蒸熟，加冰糖捶碎，入粉中，蒸好用刀切开。

母亲做油糍，是用一个大盆子舀了纯糯米粉，加水，热水可冷水亦可，只是要水的分量要少，用筷子和面，和出的面要干，不能调成做面疙瘩那样水滋滋的面糊状。把大铁锅烧热，倒入菜籽油浇锅，用菜籽油把锅里整个涂抹一遍，把盆里一大团的糯米面放进锅心里，用铲子压着它们往边上散开去，形成大大的一圆块。灶下使小火开始摊煎，煎至底面变黄变脆，再用铲子翻个面，另一面接着煎，等到两面都变成了金黄色，就可以装盘了。装在大瓷盘子里，上面均匀地撒一层绵白糖，父亲就一边喝粥，一边用筷子夹撕一块来佐粥喝，为什么用撕字？油糍的黏性大，不用点劲，撕拽不下来。油糍的口感是脆甜软黏，对喜欢吃黏食的人来说油糍是又方便又可口的吃食。我父亲自是爱吃油糍。

我以为一个会做油糍的主妇，就可以融会贯通地做其他糯米面的吃食，就像一个数学特别棒的学生，他的物理、化学也差不到哪儿去。

　　许多年后，我家条件渐好，我母亲有了一点钱，又有了时间，早饭配粥喝的点心，她不再做最简单方便的面疙瘩和油糍，她会煮南瓜，搋面做南瓜饼；挑荠菜，切猪肉做猪肉馅的荠菜大圆子；割韭菜，斩牛肉丁做牛肉韭菜馅的春卷……每每母亲问我们："好吃不好吃？"我们大快朵颐地连连点头，她的喜悦里又含了一些惆怅，她说："你们爸爸吃不到了，他没福啊！"

　　父亲没来得及吃上一口讲究的早饭，就去世了，他这一辈子只吃过简单的早饭！

乡下的粽子

开了春，正是"蒌蒿满地芦芽短"的光景，河堤旁娇嫩的芦芽撞入乡下主妇的眼帘，她们不动声色地喜悦起来——端午的粽叶有了。乡下做主妇的女人，都有一种过日子的精明，她们眼观四方，坦然又自得地接受着大自然的馈赠。

每日清晨，主妇们去河码头边淘米、洗衣的时候都要看一眼河堤边的芦苇。芦苇一日一日地茁壮起来，芦苇秆直挺，叶子茂密。哪些苇叶肥大丰硕，能包出更好吃好看的粽子来，都逃不过主妇们精明的眼。她们只安然地等着端午到来，好去采摘芦苇叶。

偶尔会有一两个心急的主妇抢了先，去摘苇叶，其他人也并不生气，这么大一片芦苇，摘不完的！

端午前一天，主妇们把采摘好的苇叶一叶一叶地梳理起来，那认真劲像刚上学的孩子在整理作业本。她们把理好的苇叶，按顺序小心地放进一口大铁锅，用大火烊煮。

粽叶煮好了，捞出锅，空气里氤氲着清新的苇叶香，再看一眼粽叶，已不是原来的翠色欲滴，是青中泛黄，有经风历雨的苍茫厚重感，也只有经过大火炼烤，沸水中煮过，芦苇叶才有了不易折断的韧性，人不也这样吗？风风雨雨，也许会使你更强韧。

糯米淘好了，静候在一旁，只等主妇们灵巧的手，给它们穿上粽衣，乡下主妇们的聪明才智可见一斑，她们把女红的技艺和几何学完美地整合，只见她们左右手相配合，左手握苇叶，右手一折、一绕就形成了一个漏斗状的粽衣，把糯米舀进粽衣里，用一根金灿灿或银闪闪的粽针穿了粽叶梢子，钉到粽子上去，不需要任何丝线，便裹出各

乡下的粽子

种玲珑的粽子，三角形、四角形、亭子形，花式繁多令人惊叹。经年之后，我在城里安家落户，超市明亮的柜台里，粽子们挤挤挨挨地堆叠着，身上无一例外缠着密密麻麻的线绳，我嗤之以鼻地慨叹，这城里粽子简直像被警察五花大绑的罪犯，丝毫不见乡下粽子的那份眉清目秀。口味自然也赶不上乡下的粽子，虽然种类繁多，但是靠着冰箱冷气或者防腐剂苟延残喘自己的生命，口味自然一般。

乡下的粽子，粽叶、馅料什么都是新鲜的。童年时候，家贫节俭的人家，就去菜园里摘了新鲜的蚕豆、豌豆裹进粽子里，包出来的粽子总是带有豆子的清香味。也有人家不论贫富状况，一年一个端午总是要过得隆重，主妇们十分舍得，去商场里买上好的葡萄干、蜜枣，去市场上切上最新鲜的五花肉，分门别类地做成馅放在糯米里一起裹成粽子。

裹好的粽子都放进大口铁锅里，加柴火用大火烀煮，孩子们像吃不上鱼的馋嘴猫，常常围绕着锅台打转，他们直勾勾地看着锅，一副眼巴巴的模样，母亲终于憋不住，说："过来尝一个，看煮熟没？"

孩子不会像大人那样，谦让着，小口小口地尝。他们一把抓起粽子狼吞虎咽，风卷残云。母亲问："味道怎样？好吃吗？"只听到喉咙里咕哝一声："好吃！""好吃"其实是后来的事，记忆穿过绵延悠长的光阴，再回去，母亲的怜惜慈爱、粽子的绵软香甜、童年的安闲像井水汩汩而出。越是年岁渐长，越愿意把这些滋味温习一遍又一遍。

粽子是乡下端午的重头戏，像乡戏里的女主角，她浓墨重彩地登了场，端午的锣鼓声就铿铿锵锵越发响亮了。

家家户户忙不迭在门楣上插上新采摘来的菖蒲、艾草，弥漫在空气里的菖蒲的幽香、艾草的药香、粽子的清香浓得辨不清的时候，乡下的端午就像样子了。

小麦面皮儿

去单位附近的小饭馆吃饭，小饭馆老板是熟人，遂也不点菜，让他拣特色菜自炒几盘端上来。服务员上了一道菜，乳白色骨瓷盘里铺着碧翠的韭菜炒白薄块儿。青青白白的一团好颜色，这菜赏心悦目，我以前倒没有吃过。韭菜，我向来喜欢的，就不知道那白薄块儿是什么？我用筷子捡了一小块到嘴里，细嚼那白薄块儿，好像重逢了旧相识，原来是小麦面皮儿。面皮儿就是面皮儿，不是街市上小吃摊、小吃店里的凉皮。我不太喜欢凉皮，也没有去了解过凉皮的制作材料和工序，只是无来由地感到吃在嘴里的凉皮冰冷，假模假式，不像小麦面皮儿温暖可亲，有土地般的敦厚实在感。当然，我这话在嗜吃凉皮的人那儿多半要被说成"傲慢和偏见"。

村庄上长大的我熟悉面皮儿的来龙去脉。童年时候，春末夏初时收麦子。一颗颗金黄的麦粒在晒场上风吹日晒滤去水分后，送去粉面厂里上机器磨，磨出来的面粉洁白如雪，把面粉经日头晒干，装在口袋里。过农历年时，巧手主妇们忙年吃食——蒸面饼、蒸包子都需这小麦面粉来解围。会过日子的人家，素日平常是不会"做饼做粑"来吃，但也用这小麦面粉做点简易吃食来以飨肚皮，像小麦面疙瘩、小麦糊等，我孩童时最喜欢吃的是小麦面皮儿。

那时候，当我们吵嚷着再也不肯喝白粥时，母亲就生了主意，她去菜园里掐一小把细嫩的小葱，洗干净，切成碎粒，舀出小半碗小麦面粉，搁上一点精盐，撒入葱花，往碗里加水，用筷子顺时针搅拌，直到碗里的面糊黏稠适合。把大铁锅烧热，舀一勺金黄灿灿的菜籽油，从铁锅上口绕边浇抹下去，使锅里整个涂上一层油，将面糊倒入油锅里，用铲子把面糊从中间往四周摊开，摊得又薄又均匀，用小火炕面皮，等面饼上鼓起大大的气泡，肉眼可见面皮熟得已经不粘锅了，用铲子把熟面皮翻个身，接着用小火煎烤面皮。等两面金黄，熄火。这面皮的厚薄程度，根据各人的口味来决定，假如就好吃这煎面皮，当然是越薄越好，薄的又香又脆。从锅里盛出来，用刀切成茶干大小的块儿，配粥喝真是极好的。当然有些会吃的小孩子，还常常让母亲买上一两袋榨菜，撕了榨菜口袋，撷上几根榨菜条裹在面皮里，那味道就更让人心满意足了，是脆辣咸香的好滋味。

童年时候，小麦面皮的另一种吃法是汤煮，我母亲汤煮小麦面皮看吃客，要是煮给老祖父、小弟、我吃的话，她把煎好的薄面皮装在碗里，锅里放了水，倒了豆油，把水烧开，再倒入面皮，撒入葱花、盐，煮透后给我们装碗，汤煮的薄面皮，老人小孩吃到嘴里入口即化。

若是给父亲吃，母亲就会把面皮摊得厚实些，再汤煮，这样的面皮筋道，有嚼劲，吃了当饱，父亲去建筑工地上做重活才有力气。

有远客来，母亲有时也摊面皮煮食来待客。不过，在面皮汤锅沸了后，她要打上几个草鸡蛋，再搁上盐、味精，撒葱花装碗，我们有时也会分得客人的鸡蛋和面皮，那鸡蛋面皮的味道比起寻常更胜一筹，鲜香滑嫩，咸淡适口。

如今，村庄上的大多人家年饼不做了，包子也送去给专门的包子店代加工，主妇们唯一还在做的是小麦面皮儿，小麦面皮儿也如过去的大家小姐，身子贵重起来，常常请了"丫鬟"来伺候她，现在的小麦面皮里加了鸡蛋、火腿肠等佐料，吃也是好吃的，只是不如童年时候的纯粹了。

　　真是没料到，纯粹的小麦面皮在小饭馆里吃到了，还是炒来吃，我观察了桌上的食客们，大多舍弃了羊排、肉骨，都吃起这韭菜炒面皮来了。又去另一家小饭馆吃饭，他们推出的是咸菜炒面皮，也鲜咸适口，聪明的老板们知道人们的味蕾最是有记忆，胃口总是在怀念中变得更好。

挂面的面

家乡盛产麦子、水稻。平日人们多吃粥和米饭，也嗜食面条，来亲到客，逢家中大人、孩子的生日都煮面条以示人和日子的珍重。

主妇们去街市上的百货店买油盐酱醋，末了，必得跟店老板说："再给我两筒挂面。"我们这里称面条为"挂面"。挂面？我以前老是自己琢磨这名字，心里疑窦暗生，这面也没有挂啊？直到有一天，生活告诉我答案。

村子上房子鹤立鸡群的那户人家要搬到城里去了，他们家的"一上二"水泥外粉刷的楼房被一家做挂面的买了下来。我每日上学的时候，老远里就看见水泥楼房面前空旷的天井里，面条齐刷刷地挂在绳子上，像浩大染坊里晾着的一匹匹光洁的白缎子，又像山涧里从高处落下的白花花的瀑布，我醍醐灌顶般明白过来，难怪大人们称拿在手里的筒装面叫"挂面"，它们从前真是挂着的呢！

挂面买回来，搁在碗柜里，素日寻常不大煮面来吃。直到过生日那天，我早晨起来，就发现这一日不同以往，堂屋的北墙边，有一张三米长的长条几倚北墙而立，条几的正中间位置，上方悬挂着寿星佬的中堂画，条几面上摆着一只双耳香炉，炉里一炷香微微燃着，散发出袅袅的轻烟，香炉两边一对红烛亮着橘色喜庆的光，香炉、红烛的前面搁着两副碗筷，碗里是挂面和圆子，这是为我的生日在敬菩萨，挂面寓意长寿，圆子暗示事事圆满。

梳了头，洗了脸，上了餐桌，一家人都在欢天喜地吃面条、圆子，他们吸溜得吱吱响，好像在吃什么山珍海味。母亲笑眯眯地推过桌上的一只面碗来，顺手帮我浇上含有青翠蒜末的酱油，母亲说：

"这是起锅的第一碗,特地给你这寿星留着,我们都跟你后面吃……"

我的心里起了被珍重对待的欣悦心情,简直忍不住想唱起歌来。

每逢我大舅舅或者小舅舅来,我母亲也会给他们煮挂面,母亲会吩咐我灶下烧火,她自己一边在灶上忙碌,一边陪着舅舅说话,只见母亲从水缸里舀上两勺冷水,往水锅里倒上了平日舍不得吃的豆油,她嘱咐我大火烧锅,转身又急匆匆去屋后菜园子里拔了两棵小青菜回来,她把小青菜掰开洗干净切碎备用。锅里的水开了,咕嘟咕嘟地冒泡,母亲把筒子挂面从碗柜里拿出来,往锅里抽了半筒子的面,她笑嘻嘻地问灶下烧火的我:"你要不要吃啊?"我涨红着脸不说话,我要是应答着说要吃挂面的话,显得我是个多么馋的小孩?我晓得母亲最后总会给我装上半碗面条的,她这么问我,不过是故意调笑我罢了,我就不吱声,且看她表演。

我在灶下加大了火力,不一会儿,面条锅就沸腾了,母亲嘱咐我不要添柴火,熄火。她把准备好的三个鸡蛋磕进锅里,用热锅沸水闷养着鸡蛋,这样鸡蛋不容易散掉,过了几分钟,母亲吩咐我再次接着烧火,我立即往灶膛里塞上一把厚草,面锅又沸,面香味四溢,母亲把小青菜推入面条锅,我又添了两把穰草(方言,指稻草),母亲就让我熄火。

她用一个大海碗给舅舅装面条,先把三个鸡蛋卧在碗底,上面盖上面条,再舀一点面汤,装上一些小青菜,那海碗里,白的白,绿的绿,颜色真好看。锅里剩下的面条也会给我装上大半中碗。母亲连连招呼舅舅吃面条,舅舅看着大海碗的面条,嘴里连连说:"这么多,我哪吃得了?"他用筷子拨了拨碗里的面条,好像刚刚发现了宝藏一样地说:"这下面还有三个鸡蛋,更吃不完了!小霞呢?我给小霞一个,给二子一个。"舅舅从堂屋里又到灶下我坐的地方来,把碗里的鸡蛋拨了一只到我碗里，我嘴里推拒："舅舅，我不要鸡蛋吃，你吃你吃。"其实心里巴不得。

当然先吃鸡蛋，咬一口滑滑嫩嫩，三下五除二一只鸡蛋下了肚，接着叉起面条，使劲一吸溜这面条也纷纷涌进肚里。

还有某日，母亲早晨起晚了，来不及熬粥给我们吃了，她也会下挂面给我们吃，下那种清水挂面。清水挂面取的是急就而成，锅里直接放冷水，烧开，挂面往开水里氽，稍稍焖一下，就捞上来，清水挂面靠调料来取味，白瓷海碗里倒上酱油，搁上一勺子必不可少的猪油，再倒上几滴小磨芝麻油，撒上切得细碎的蒜末、香菜叶，先盛面汤，再从锅里捞起面条，这时的面条不软不硬，捞入碗中，搅拌一番，香菜味、蒜末味、猪油味混合在一起形成了一种不可描述的香，我们迫不及待地吃了一口，真是清爽鲜香，一大碗面条三下五除二就吃完了，吃完刚想用袖子抹一下嘴，却听到母亲大叫："手巾手巾。"我们用手巾揩了嘴，背着书包兴高采烈去上学。肚子一饱，万事足。那一天的心情都是喜悦的。

如今已是人到中年，车船行过，面馆光顾过，各式面条品尝过，刀削面、兰州拉面、辣子面、排骨面……尽管口味丰富，但脑海里常常浮现的却是童年时候吃挂面的时光，那时光有着迷人的淡金色的光泽，让人忍不住一再回想。

饺子里的丰润时光

张爱玲在《谈吃与画饼充饥》一文里说到苏俄吃食，特别提及包子。我一看心里讶然，看来世界各处一样，面食广受欢迎。中国北方大众的食品绝对有包子一种，与包子最是一脉相承的当属饺子。这两种面食，在我们南方一样大行其道。

幼时家贫，蒸包子耗面粉、馅料、人工颇多，只在临近农历年家里才忙着蒸一回包子留着过年做点心。包子好比大户人家的小姐，每年只能在庙会上见着一次。饺子则常常有，二月二、六月六，甚至雨天母亲都给一家人包饺子。饺子像小户人家的闺女，街市、桥头、溪边随时可见其影踪，所以那时的我并不稀罕饺子，总是挑剔对待。每逢母亲包饺子就大闹，要吃白米饭。脾气暴烈的母亲气急败坏地训下来："你不爱吃，就别吃！我们喜欢吃，特别是你爷爷能吃两大碗呢！"

下雨天，父亲不出工，母亲不下地，他们就合计着包饺子。祖父乐呵呵地去肉摊上买回两斤肥瘦相间的猪肉，父亲拿盆和面，母亲去菜地上拔菜。菜选应时的，春天的荠菜、夏天的韭菜、秋天的菠菜、冬天的大白菜，这些菜都能做饺子馅。祖父猪肉买回来，母亲亦把菜都收拾干净备用。她先把猪肉洗净剁成碎丁儿，又把菜切成细丝状，下到被柴火烧得灼热的大铁锅里，加足量的猪油、菜籽油爆炒，喷香扑鼻。祖父和父亲就在一旁有说有笑地擀面皮，他们用啤酒瓶在一个大竹匾里压出圆月样的面皮。我虽然讨厌吃饺子，但觉得这样的情景实在不坏，一家人和气相守，空气里有淡淡的幸福流淌。我和小弟往往要被这温馨的气氛逗弄得要疯要闹，我们捏面人，也弄点干面粉互相追逐着抹对方脸上去。母亲自然呵斥我们，但我们听出来那训斥里是有一丝笑意的，也就不害怕。

在师范院校念书，那次集体包饺子的活动，这么多年依然记忆清晰。生活委员买来芹菜和猪肉。女同学一起择芹菜、切肉，男同学和面、擀面皮。整个场面盛大得好像开一场晚会，欢声笑语，热热闹闹，饺子熟了，一起开吃，一个个饱满的饺子从筷子间滴溜溜欢快地滑进喉咙里。别班一口一咽吃米饭的同学都侧目相看，那眼神里的羡慕藏都藏不住。我以前讨厌芹菜的那股药味，以为芹菜馅的饺子，我会食不下咽，谁料得我也大快朵颐，觉得我们包的饺子滋味美妙极了！原来，吃是心情的事儿，心情有多好，滋味就有多美妙。

多年后，我还看到铁凝写的一篇随笔《我在奥斯陆包饺子》，文中说："饺子这种中国北方的大众食品，一直令外国人不可思议，不必说各种馅儿的调制，仅是擀饺子皮的过程就令他们感到美妙。而中国人感到美妙的，则是包饺子本身所体现出的家庭亲情，一种琐碎、舒缓的温暖。"

我心中一直暗暗盘旋着祖父临终那会想吃饺子的事儿。几日不吃东西的祖父突然说想吃饺子。父亲急急忙忙地去买了几个蟹黄的小饺子，下沸水里煮好后，命母亲端到祖父床前去喂他，他只看了一眼，又摇摇头，说不想吃了。看着祖父对味道鲜美的蟹黄饺子只是看了一眼，却不肯吃一口，所有人都以为祖父是因为身体的疼痛才出尔反尔。时至今日我恍然明白，在人世辰光有限的祖父也许不是为了嘴里的美味，他只是想起从前一家人一起包饺子的丰润时光了吧！

饺子里的丰润时光

夏日粥食

梁实秋说他不爱吃粥，小时候最怕生病，因为一生病就要被迫喝粥。他这一说，让我慨叹世间万物果然"甲之砒霜，乙之蜜糖"。我打小就喜欢喝粥，现在依然不改初衷。

小时候，我家乡的一日三餐常这样排布：早晚两顿粥，中午煮白米饭。如今，从城市回村镇上，发现那里的人们依然是这样的饮食习惯。

我小时候，不像如今的小孩只被要求整日学习，拿高分。我们常常会被要求给大人帮忙，干些力所能及的家务活。临到暑假，父亲去工地上做工，母亲在田地里忙碌，洗衣、做饭等家事就派给我们小孩子。早饭粥通常是早起的母亲煮的，她急匆匆地烧好粥，父亲和她各喝上两碗粥，就分头干活去。中饭、晚饭都由得我们小孩子来做。炎炎夏日做中午饭，灶上灶下忙个不停的我们，就好像一块木炭被架在火上烤，没落上好的回忆。倒是做晚饭时分，我们总是心情愉快，太阳从西边慢慢地跌落下去，空气一丝丝地变清凉，趁晚凉，母亲去秧田里拔草，父亲还没从工地上回来，我们开始熬粥。

做了些家事的我们颇能体会世间生活的艰辛，也能体谅父母的辛劳，白米粥我们是不煮的，白米粥太简单寡淡了，实在配不上父母亲一日来的辛苦。我们会自作主张地熬父母亲喜欢喝的粥，也不去买什么，就从菜园里就地取材，摘下老了的长豇豆，把长豇豆的老皱薄皮掀开，露出一颗颗暗紫红色半老不老透着水气的豇豆来，把豇豆一颗颗剥放到瓷碗里，等有小半碗了就过水冲去浮尘，跟白米一起下水锅。灶下，我们添大木柴，把火烧得旺旺的，半个小时后粥锅掀起翻滚不停的粥浪来。此刻，灶下换小木柴，小火熬煮，粥浪停歇，换成了"微浪拍岸"的均匀的咕嘟声，不掀开锅盖我也知道，锅里的粥变黏稠了，成了藕粉色。熬好的粥稍稍冷却后装到钢锅里去，用一个盆子打来井水，把钢锅浸到井水盆子里，拔凉。这样的粥父母亲回来会连喝三大碗。

家里有什么，我们就熬什么粥。有时候，我们去菜园子里看，四季豆、扁豆也长老了，就把四季豆、扁豆摘下来，剥出豆粒儿来，跟着米下锅混煮，煮好的粥没有豇豆粥好吃，但还是比白米粥强。

母亲还在家里备着一种大麦糁子，她教会我们，等粥烧透后，放入糁子，接着熬煮。熬糁子粥偷不得半点儿的懒，需得专心守锅，诚如《随园食单》里所写："宁人等粥，毋粥等人"，一听到锅沸，赶紧掀开锅盖搅拌起来，否则一个不小心，粥汤沸沸开去，形成"水漫金山"的形状，锅灶上要弄得一塌糊涂。糁子粥是我母亲最喜欢喝的。

母亲要是从田里拔草回来得早，碰上我们正熬白米粥，还没来得及放糁子，她会急忙从粥锅里抢出一大瓷缸的白粥汤来，往粥汤里倒上两勺豆油、打上两只鸡蛋，再搁上两勺绵白糖，用一双筷子顺时针方向在瓷缸里匀力搅打，蛋、糖、豆油、粥汤融合成一体，在空气散发出诱人的甜香味，这油蛋粥是给父亲准备的，母亲心疼他在工地上干活的辛苦。父亲回来捧着一大瓷缸油蛋粥，他过早布上皱纹的脸变得舒展了。他会从瓷缸里倒一些在碗里给我们吃，我们一边喜滋滋喝着油蛋粥一边听母亲嗔怪父亲："你自己吃，等他们长大了，什么没得吃？"父亲还用勺子舀一些给母亲喝，母亲自然不肯喝。

暑假里，比喝油蛋粥更高兴的事是我的外公来，外公住的小村庄盛产莲藕，他每次都会给我们带许多只莲蓬来，我们掏出莲子，最嫩的当场吃到嘴里去，水滋滋，甜津津。老的莲子则干而不甜，我们就剥去了老莲子的外皮，再抽去莲子里苦味的那根绿莲心，剥好的老莲子放在碗里，又从抽屉里翻出母亲珍藏的蜜枣、桂圆，各洗上十来个，菜园子里各式豆子找出半碗来，把豆子、桂圆、蜜枣、莲子一起下到铁锅里煮，到锅里咕嘟嘟如泉眼不停冒水泡般沸滚，倒入粳米，用大木柴火熬粥，熬到黏稠合适的程度，撒上绵白糖，小火再熬，直到如袁枚所说"水米融洽，柔腻如一"。这粥里虽没有八宝，但我们自称为八宝粥，装到碗里吃上一口，口味竟然与百货店里的罐装八宝粥并无两样，那八宝粥还是我大舅舅来做客买来的。喝了我们煮的八宝粥，母亲会笑嘻嘻地夸我们："哎呀，今后你们也不会挨饿，看你们多会吃！"

不过，对我们引以自得的香甜八宝粥，父母亲并不是太喜欢。他们还是更喜欢吃咸粥，据父亲说吃咸吃盐，才有力气干活。

母亲不下地的傍晚，她亲自煮粥，会烧小青菜粥，选极娇嫩的小青菜，我母亲称作鸡毛菜。在粥里放豆油，等到粥熬开了后，放小青菜，搁精盐、味精。粥煮好后，青菜碧绿，看上去十分动人，那时的我们却不怎么爱喝青菜粥。

母亲干给南瓜藤打头的活后会烧南瓜头粥，打下的南瓜藤头不扔掉，选最嫩的尖头，剥去外皮，南瓜藤有小小的尖刺，所以即便小小的嫩头，也要细致地削去外皮，然后煮粥吃，母亲称作为瓜头粥。她每每煮了瓜头粥总是呼朋引伴，招呼邻家伯母、婶婶都来吃。她们个个把粥喝得呼啦作响，那份快乐是童年时候的我不能理解的。

直到如今岁月，经过了世智尘劳，风霜雨雪，我才知道人世有多少事如沙，是无从把握的，有时候不是使一分力就有一分的收获，但勤劳善良的人们却依然会用尽全力去生活，把日子过好，而他们心里想要的舒坦、自得其乐和知足常乐，也许能从寻常的一饭一粥中获得。

米饭的灵魂伴侣

现如今，各家各户的餐桌上总是琳琅满目，鸡鱼肉蛋应有尽有。我家孩子提出想吃个活水虾或者涮羊肉，担任家里大厨的婆婆一准回答："只要你肯吃，奶奶就买来做给你吃!"孩子早晨说上一嘴的吃食，中午餐桌上就能摆出来。她中午点名要求的菜肴，晚上回家就能吃到嘴里!这口福，在我年少时真是享不到的，但回想起那段年少的岁月，我也有自己的一份独特的滋味。

据我母亲说，她生我的时候，家里一星儿米都没有。我父亲出了门，他随村里的人挑河工去了，一走就是十天半月没回来。母亲没有婆婆，家里唯剩我祖父一人。祖父去大队里借粮食，大队干部只给借了五斤米，两个大人加上我这个婴儿，每日靠着喝粥汤熬日子，好容易熬到我父亲回家。

我出生后的那年，改革开放的春风渐渐吹到我们村，分田到户了，家家户户打了稻子一半留家里自吃，一半交公粮，总算能吃上白米饭了。

我家虽然也能吃上白米饭，但买肉菜的钱是没有的。父亲没有一技之长，只是地里刨食的农民，他和母亲时运也不济，小弟生下来五个多月时，患上肺上生脓的病，他们带着小弟辗转于医院间，花费了巨额医药费，才救回小弟一命，我们家也欠下了大堆的外债。因此，我家餐桌上向来贫瘠，春夏之际还好，母亲自己种的菜园里，有韭菜、茄子、西红柿、黄瓜、南瓜、丝瓜、冬瓜……鸡圈里的鸡会生蛋，鸭栏里的鸭也会生蛋，鸡蛋炒韭菜、黄瓜炒鸭蛋都是下饭的菜肴，但到了冬季，万物凋零，餐桌上就寥落起来。

我母亲把春天腌好的咸菜坛子开了封，她从坛子里抓了一把咸菜放在小瓷碗里，把碗里齁咸的咸菜过水冲掉部分咸气，往咸菜碗里稍加一星儿水，水不能多，往碗里浇上一勺豆油，再去菜园里拔上几根小葱切碎，撒在咸菜碗里。把咸菜碗放在饭锅头上蒸。等白米饭煮好，咸菜也就蒸好了。土灶上两口锅，一锅里煮饭蒸咸菜，另一锅里烧菜籽油青菜汤，端上饭桌的是，白米饭，蒸咸菜，青菜汤。这样的吃法，开始的一两天我们还能忍受，一连数天这样吃，我们就气得鼓起腮帮子，偶尔也把筷子和米饭碗摔摁在桌面上。

做母亲的当然知道我们小孩子心里不痛快，想吃好点的饭菜，可是她哪里有余钱？每当我们瞪眼摔碗地闹好吃的，母亲就会去猪肉摊，买上二斤的猪肉？不，母亲去猪肉摊上买上二斤比猪肉便宜得多的猪油回来，下铁锅熬了一搪瓷缸的猪油，猪油留着细细吃，油渣与青菜熬了一锅汤，那青菜油渣汤真是香，香得不得了。自从家里有了一大缸的猪油，母亲就不怕我们甩脸子了。她给我们装白米饭时，总顺手用筷子挖了一大块猪油塞进白米饭里，我们端起饭碗，边吃边搅拌，冷冷的猪油被热气腾腾的米饭融化了，浸染了猪油的米粒一颗颗变得晶莹透亮，发出珍宝般闪亮的光，吃上一口，有种独特的油香味，这时候再就着小咸菜、喝着青菜汤，就觉得中午饭不那么惨淡，甚至是可口咸香的好滋味。

再好吃的饭菜日复一日地吃，也会让人厌倦，当我们也讨厌起猪油白米饭时，母亲又出新招，她从冬日的菜园里拔了青菜煮菜饭，煮菜饭要搁油、撒盐、放切碎的青菜，煮好的青菜饭相比白米饭咸香清馨，再往菜饭里搁上一筷子的猪油，稍稍搅拌，那菜饭的滋味真是喷香，小咸菜我们也舍去了，能一下子吃两大碗猪油菜饭。

　　靠着猪油拌饭的美妙滋味我们熬过了酽冷的冬日，春天来了，菜园子的韭菜、葱蒜、苋菜、豆角都长起来了，餐桌上又再次丰盛起来，我母亲善厨，她开始趁着瓜果菜蔬葳蕤做出各式饭来慰藉一家人的口，她会煮豆角饭、南瓜饭、糁子饭、青菜饭、南瓜藤头饭、山芋藤头饭，不过年幼的我并不喜欢吃这些稀奇古怪的饭，但母亲有办法，她会给我们的饭中塞上一筷子的猪油，这一筷子的猪油让这些饭在我眼里起死回生，饭的滋味变得顺滑咸香。

　　许多年后，我在咖啡店里喝咖啡，知道咖啡加上咖啡伴侣后口感更好，我头脑中没来由得想起母亲的米饭和搅拌各式米饭的那一筷子猪油来，我敢说猪油是米饭的灵魂伴侣，大概没有人会反驳我吧？

家乡的焦屑

张爱玲在《谈吃与画饼充饥》里写："自我小时候，田上带来的就只有大麦面子，暗黄色的面粉，大概干焙过的，用滚水加糖调成稠糊，有一种焦香，远胜桂格麦片，藕粉不能比，只宜病中吃。"

张爱玲描摹的这大麦面子，从形状、吃法、味道上来看，十有八九是我家乡的"焦屑"。我出生的小村庄有三伏天吃焦屑的习俗，属古风流传，村里的老人们都说：大人孩子在伏天吃焦屑面，下一年肚子都不会痛。这也是中国人固有的一种可爱，想吃什么，就说那吃食对身体大有裨益，比如红枣补血，冰糖炖梨止咳，鸽子汤有益于手术伤口恢复……往往也真的大有益处，不知道是心理暗示还是确凿的固本培元？

汪曾祺在《故乡的食物》里说："我们那里还有一种可以急就的食品，叫作'焦屑'。煳锅巴磨成碎末，就是焦屑。"我们村庄上的焦屑可不是煳锅巴磨成的，是用正宗的小麦和糯米制成的，大麦也可，不过我们那里多用小麦。

夏日炎炎，一丝风也没有，树上的叶子动也不动，伏天就快来了。母亲们把小麦从袋子里舀进米箩里，下到河水里淘洗干净，下大铁锅翻炒，像炒花生仁那样不停地挥铲左右翻炒，炒麦是一个耐心细致活，灶上挥铲需不停歇，灶下的柴火却不可猛燃。我家炒麦，灶上灶下都是母亲一个人。她怕我们热，也怕我们把握不了火候，烧焦了麦粒儿，我常常看到母亲灶上灶下一手抓地炒麦粒儿，不一会儿，她就满头满脸的汗，汗珠要滴落下来。

大锅里的麦粒儿熟了，满屋散发着好闻的焦香味儿，待稍稍冷却装在面粉口袋里送去磨坊里磨。造物主的神奇就在此，没炒的小麦送去磨，机器里出来的面粉像那雪花一样白，炒过的麦子，磨出来的面粉就是焦屑，颜色确是张爱玲说的暗黄色。

单是小麦制成的焦屑面吃到嘴里有棱角，像嚼草一样粗糙，口感并不好。我母亲精明，淘些糯米，炒好后掺进小麦里，一起拖到磨坊里去磨，这回磨出来的面粉颜色好看，是柔和的淡金色，焦屑面吃到嘴里细腻爽口。

焦屑的前期做法较费事，但吃法简单。我们小孩子淘气又馋，常常会从面粉口袋里抓了一把焦屑面就胡乱塞嘴里，香是香，就是一不小心会呛进鼻孔里去，惹得咳嗽不停，这一种急吃法，母亲们都不赞同。

母亲们采用泡焦屑和打焦屑两种吃法。舀一小勺子焦屑面放在碗心里，加一勺绵白糖，倒开水一冲，不停地搅拌，这就是泡焦屑。每每泡焦屑，我就颇感人的神力，分明是碗心里一点面粉，怎么一双手越搅拌碗里的面糊越多越稠厚，这稠糊还常常涨到碗口边上。等搅拌好用筷子挖一口送到嘴里，麦子的香，糯米的香，尽在其中。

打焦屑则是用锅来做焦屑面，家里来了亲戚或者我干体力活的父亲又下田去干活。我母亲就为他们打焦屑，铁锅里放冷水，倒豆油，灶上添柴火，猛火把水和豆油烧沸，撒入焦屑面用筷子顺时针方向搅动，撒白糖，继续搅动，只待锅里变成黏稠的糊糊，装碗里待吃，这样的焦屑油香扑鼻，吃在嘴里比碗泡的似乎又香甜了几分。

我去远方念书的时候，在学校的宿舍里住，那时候各类吃食还不太丰富，手边零钱也不充裕，解馋就靠女同学各自带的地方吃食，有带腌香肠的，有带瓶装莴苣，亦有带鸡蛋糕、萝卜干、小咸菜的。我带了我妈给我炒的焦屑。

与同宿舍的小姐妹贪看电视剧或者小说去食堂晚了，饭菜都没有了，我们就在宿舍里泡焦屑吃，撒了糖的焦屑面，我们还要就着萝卜干来吃，又甜又咸的焦屑面吃在嘴里，总让我们想起远方的父母亲和故乡。

等我回故乡小城工作后，家里经济条件日好，吃食日益丰富起来后，焦屑就从我们生活中远遁了，现如今可吃的消闲和待客的食品太丰富了！

张爱玲说这焦屑面远胜麦片，藕粉不能比，对焦屑如此高的评价恐怕是因她个人的喜好，高看了焦屑。我以为焦屑跟藕粉比还是略逊一筹的，焦屑顶多是小家碧玉似的吃食，一不小心就泯然于"众茶食"，藕粉则是茶食中的大家闺秀，吃食的江湖再纷扰，总有她的一席。因此，藕粉现在还是馈赠亲友的佳品，焦屑只能从纸上来寻找和回味它的味道了。

炮炒米

汪曾祺在《故乡的食物》里写到"炒米"这种吃食，看汪老写炒米的吃法，用开水一冲，泡来吃，或者做成长方形的炒米糖切成一块一块来吃。这炒米的吃法倒也像我家乡的"炮炒米"般。只是在制作炒米上不大同，汪老记述的是："炒炒米也要点手艺，并不是人人都会的。入了冬，大概是过了冬至吧，有人背了一面大筛子，手持长柄的铁铲，大街小巷地走，这就是炒炒米的。"

在我的家乡，炮炒米的一般是个上了年纪的老人，紫褐色的脸膛，额头上横着一道道的皱纹沟壑，他的行头也如额头上的皱纹那般多，几乎媲美一个货郎担。他有一只铁炉子、一口铁锅、一架风箱、一只套了橡皮口的超级大布袋子……老人的铁锅与村里人家用的半圆形的铁锅相比，可就太漂亮了。他的锅大肚细颈好似青花瓷瓶的造型，他的大布袋子也是让人惊叹的大，这袋子与平日父母亲用来装稻谷的蛇皮口袋相比，仿若孩童与成年人身量的区别。

既是炮炒米的"炮"，自然的，当宁静寂寥的乡村响起大炮般的一声轰鸣，村里的大人、小孩子都知道炮炒米的来了，纷纷从家里跑出来看炮炒米。只见炮炒米的老人，把铁炉子里的火烧得旺旺的，他像个技艺娴熟的钢琴师，两手配合得天衣无缝，右手推拉着风箱，鼓起风来，左手把炉上那口大肚铁锅摇转得飞快，他的双眼配合着双手，不时地看看铁锅顶部手柄旁的一只计压表，不一会儿老人就会说："要炮了，要炮了。"只见他把大肚子铁锅绑到有橡胶口的大袋子上去，准备掀锅了。小孩子们怀着既兴奋又恐慌的心情，捂住耳朵，赶紧奔走躲到远处去，只听"轰隆"一声的震天响，孩子们又汇聚到老人身边，他抖搂着大布袋把袋子底的炒米倒腾到炮炒米人家的塑料袋子里，只见可爱的大炒米粒儿像小雪花似的纷纷从大布袋里飘落出来。本来比芝麻粒大不了多少的米粒儿，现在一个个都发了胖，变得比豌豆粒儿还大，又白花花的，比那婴儿的肌肤还白，多么诱人啊，任谁也想要吃上一口。炮炒米的人家一准是大方的，她们会喜气洋洋地叫唤着："三婶、四姑、小明子来吃炒米啊。"可是村人多半是腼腆矜持的，他们心里有一把尺量："大方归人家的大方，自己不能不懂情识趣，害穷病似的，想着占别人家便宜。"于是，那妇人、孩子推拒着，迈开脚步也去家里的米缸里舀上一瓢米，再捏几颗糖精，也要炮一炮炒米，轰一轰震天的响。

才炮出来的炒米，抓一把扔嘴里干吃，滑溜溜、脆嘣嘣、甜津津，嚼在嘴里咯吱咯吱地响，很是让人愉悦畅快，但炒米这东西不能走了空气，一旦走了气，就变得软塌塌，有嚼不动的无赖样。收藏炒米也是个技术活，有人家收在炒米坛子里，我母亲爱用一个不透气的塑料袋子扎紧袋口收着。我们小孩子吃炒米是图省事的，常常抓一把在口袋里，玩耍的空隙里就摸一小把扔嘴里。我常常看见伙伴们跳皮筋的时候，口袋里的炒米纷纷扬扬地往下落，真是"撒盐空中差可拟"。大人们常常在干累了活之后，用开水泡炒米充饥。抓一大把炒米放在蓝花白瓷海碗里，再加一勺绵白糖，用开水一冲，咕嘟咕嘟地喝下去，就算给身体补充了营养。也有人家来了亲戚招待茶水，是泡一大海碗的白糖炒米茶，胡适在他的自传《四十自述》里写自己十二三岁时，给本家的姊妹们说《聊斋志异》的故事，说故事的人是被厚待的，姊妹们总是要去泡炒米和做蛋炒饭来请他吃。也有富裕人家，在逢年过节时特地把炒米拿到街市上的食品作坊里去，做成炒米糖用来招待亲戚家的小孩子。

　　炒米也可做菜。贫家的主妇去肉摊上割了一斤猪肉，这肉想熬汤又想做菜，心里正难着呢，看到抽屉里储藏的鸡蛋，摸出两只，那绝大多数的鸡蛋是要拿到街市上去卖，用来贴补家用。好在有大捧大捧小孩子都吃厌了的炒米。切一小块精肉斩成肉末，鸡蛋打搅均匀，把炒米粒儿、肉末都搁鸡蛋液里去，加葱花、精盐、酱油放在饭锅头上蒸炖。剩下的肉照样拿大白菜来熬汤，饭好了，菜就端上桌来——一盘炒米炖蛋边溜溜要溢出来，用小勺舀一口进嘴，滑滑嫩嫩，入口即化，再喝点猪肉菜汤，真是神仙样快乐悠悠。

　　渐渐地，不大有人来乡村炮炒米，炒米很少吃到了。村里的人也跟迁徙的鸟儿似的，陆陆续续搬进城里去，偶尔在超市里的食品柜台里看到装在小小透明塑料袋子里的炒米糖，我会想着它不属于这个时代，是我已忘却的少年时光的零星遗存。

家的食单

碎米面饼里的爱

我的家乡在苏北平原，这里盛产各类麦子、稻子。秋天的时候把水稻从田里收割上来，晒干后拖到磨坊去脱壳，成千上万去了壳的米蜂拥着形如一股浪花，从磨坊轰鸣的机器里喷涌而出，每一粒米都如小小的水珠晶莹洁白。去磨米的大人们都乐呵着，脸上的笑也如水花飞溅着。

在帮忙撑米口袋的我们小孩子眼里，米长得都一样，可是大人们能给米分类，母亲说今年家里粳米、糯米种少了，籼米多。或是物以稀为贵，或是吃起来口感好，粳米、糯米常常被当作礼物送给亲戚们，感谢他们在我家处于困境时的相帮相助，籼米则因品质略次成了家里的自留米。

常见母亲拖来籼米口袋，又拿来一把筛子，筛下置一只大竹匾，母亲把籼米一瓢一瓢地舀放在筛子上，两手端筛均匀地摇晃，筛上留下了一粒粒齐整的米，筛下竹匾里则是些碎头碎脑、半截子的米。齐整的籼米用来煮饭熬粥或者拖到街市上卖钱贴补家用。碎籼米，母亲呼作碎米，也收集好装进小袋子里，等到星期天，母亲就会指派我们这些小孩子骑车去离家三里路远的磨坊，把这些碎米磨成粉。

碎米面磨好后，等太阳出来支个竹匾晒米粉，晒上几个好日头，米粉就干了，装进米粉口袋里。这米粉口袋收进柜子里，轻易不拿出来。

解开碎米粉口袋的日子，都是些好日子。家里来亲戚；逢着家中大小人儿的"整散"（方言，逢十为整，其他为散。）生日；八月十五过中秋；一年一度的农历新年，碎米粉袋子一准要搬出来，做饼庆贺。

我尤其印象深刻的是我的生日，母亲再忙也会给做碎米面饼。

生日的前两天，母亲就会去村里的伯母、婶婶那儿讨要一圈，她不是讨要别的，她是向她们讨做碎米面饼的酵头。要是万一恰好当家的主妇们都没留下酵头，母亲也不会放弃，她会自制酵头，用前一天剩下来的粥加少量的碎米粉搅和，做成酵头。

生日的前一晚，一吃完晚饭母亲就开始为做碎米面饼作准备了。在干净的大瓷盆里舀上碎米粉，加入酵头，放适量冷水，用筷子搅拌成黏稠适度的面糊，再把面糊盆放进大铁锅里，铁锅里烧晚饭的余温未尽，就利用这灶膛里的余温发面。第二天母亲早起，推开厨屋的门，揭开锅盖一看，本来半盆的面糊，像充了气似的鼓胀成满满一盆，差点溢了出来。母亲会立刻欢天喜地喊父亲来看："饼涨起来了，涨起来了。"我们也兴冲冲地来看，哪里有饼？只有满满的一盆面啊！母亲的意思是面发好了。面能一下发好，预示这家人日子兴旺，不怪母亲喜不自禁。

父亲灶下烧火，母亲灶上做饼，红红的火苗把锅舔热了，母亲用茶杯口大小的铜勺子舀了小半勺菜籽油，沿着锅沿浇上一圈，喷香的菜籽油顷刻间爬满锅，母亲又使铜勺舀了面糊，反扣在锅沿边，让面糊缓缓自然地倾泻下来，灶下的火苗欢快地舔着锅底，锅上的热油和面糊开始融合，发出嗞嗞的响声，不一会儿，饼成了，形如成年人的手掌，上窄下宽，上厚下薄，手掌状的饼一锅可以摊上七八个，锅里心再摊一个圆月形的饼。

混合着菜籽油的饼香味从厨屋里飘溢而出，惹得我赶紧去灶上。只见母亲用菜刀的薄刃在铲饼，铲出的饼贴锅的那面黄灿灿的，不贴锅的那面莹白如月，赶紧拿一个咬上一口，软糯香甜，不腻口，让人忍不住一口接一口咬下去。母亲在白瓷蓝花碗里装上六只她认为形状

碎米面饼里的爱

最好看的饼，又用另一只同样的白瓷蓝花的碗去盛另一口锅里煮出的面条圆子，她把两只碗都捧去堂屋里的条几上，放在中堂正中的位置供奉起来，还点上了一盏罩子灯，这是生日的隆重祝福。

余下的饼，母亲就由得我们尽吃。那时候，我的老祖父还在，他会享受，总是自制调料来吃碎米面饼，用一个小瓷碗，碗心里倒一些豆油，再舀两勺白砂糖，祖父就拿碎米饼蘸着豆油白糖来吃，吃一口饼蘸一下油糖调料，祖父只吃得摇头晃脑，心满意足。

刚出锅的碎米面饼自然是极好吃，到第二日就有些风干了。我母亲就用刀切成两指头宽的饼条儿，备了小碗的白糖水。等铁锅烧热，浇了油，油烧得嗞嗞作响，把饼条倒入油锅里，大火翻炒，快熟的时候用白糖水一兜，迅速起锅装盘。母亲炒出的糖水饼条绵软喷香，是极可口的配粥喝的点心。

要是一去三五日，碎米饼还没有吃完，就把饼放竹匾里经日头晒干。万一哪日早晨起得迟了，熬粥的时间不够，就煮碎米饼来吃，大火烧开水，把碎米面饼干放进去，略煮，就可起锅装碗，碗里撒些白糖，老人、孩子都吃得，极方便。

待到我做母亲时，家里条件日好，冲着做碎米面饼的繁复过程，我从来没有实践过去做一锅碎米面来给孩子庆祝生日。每逢孩子生日，是去蛋糕房里订一个孩子喜欢的蛋糕。蛋糕师傅有精湛的手艺，孩子想要的花朵或者小鸟他都能做出来，每每打开蛋糕，孩子脸上的笑容就不可抑制地泛开来。

我幸福着孩子的幸福，也回味着自己做孩子时的幸福，心里感慨的是此去经年，爱不变，生日的仪式感在传承，幸福在传递，我也有过"生日蛋糕"——那就是童年的碎米面饼。

父母亲的手擀面

阴雨连绵的天气，雨密密稠稠地下着，父亲不用出去做工，母亲也不用家前屋后地忙碌着，一家人都闲得无聊，爱鼓捣吃食的母亲说："我们做手擀面吃啊！"父亲听了欢欣叫好。

父亲说他擀面，母亲却不让，让父亲歇着，她说："这点小活你看我的吧！"母亲取出小麦面粉口袋，舀出几瓢面粉来，加水和面，不一会儿这散荡的飞尘似的面粉颗粒就有了黏性，互相抱成了牢牢的一团。这面团不需要像做面饼、蒸包子那样包裹起来发酵，母亲待这团面像小孩子玩泥巴，她把面团抓在手里向案板上摔去，一下又一下地摔着，跟生面团的气似的。问了她才知道这样摔打面团是为了使面更筋道，母亲像玩累的小孩终于歇了手。这时候，父亲上场了，父亲把大面团截成几个圆球似的小团，先用手将小面团摊成面饼状，然后用一只擀面杖把面饼慢慢使劲推薄，在父亲手中，那面饼很快就变成了一大块洗脸盆口径大小的面皮，这面皮不说薄如蝉翼，但确实比我们平日吃的碎米面饼还薄上几分。母亲接过父亲擀好的面皮，像卷一份布料那样卷叠一番，卷好后，母亲用刀细细地切下去，面条就这样不可思议地出现在我们面前，不一会儿，面条切好了，一堆一堆地摆在案板上。

父亲去灶间，他往大铁锅里放冷水，倒豆油，又去灶下生柴火。母亲去菜园子里摘了一只青绿色的南瓜，必得要那碧翠色的小南瓜，长成熟的红南瓜不成，红南瓜没有那种清新鲜味。青绿南瓜不去皮，对半切开，掏出瓜瓤，切成半个中指长的小块，备用。

锅里的水咕嘟咕嘟地开了，下面条，顷刻间面条锅又沸了，赶紧把小南瓜块推入锅中，再添柴火，锅又滚沸，熄火，搁些精盐，利用灶下柴火的余温稍稍闷上一小会儿。未等锅盖再次掀开，面香、瓜香已飘溢得四处都是，迫不及待地揭开锅盖，只见面汤白得好似烧了一锅牛奶，这就是豆油的作用，用菜籽油面汤则不会白如鱼汤。小青瓜娇俏可人地卧在锅里，面条们比起未下锅之际都变得白胖了，大概是豆油南瓜汤滋养了它们，才让它们像中年人似的一个个都胖了一大圈儿，赶紧让母亲给我们盛起一碗来。

我先吃了一筷子的面条，这面条与母亲从商店里买回来的挂面口感大不相同，这手擀面条又滑溜又有嚼劲，小青瓜也吃上一口，软嫩香甜，面汤也喝一口，鲜得不得了。母亲会连连追问："宝宝，好吃不好吃？"我们赶紧点头："好吃，透鲜。"母亲听了这话，忙不迭地把锅里的汤汤面面装碗，盛了好几大碗，然后吩咐吃面条吃得正欢的我们，放下手中面碗，帮她把青瓜手擀面送给左邻右舍。

外面的雨丝飘得正欢快，母亲也不管，只是吩咐我们出门送面去，在母亲的催逼下，我们只得端起碗来，小心翼翼地出了门。邻家主妇们，像祥大婶、何二奶奶看见我们会一脸欢喜，她们热情地接过我们手里的面碗，还会问谁擀的面？谁擀了面条？她们还一定家里有什么就要塞给我们什么，几个西红柿，或者是两根黄瓜，或者一捧紫红色的葡萄……这些吃食常常把我和小弟送面条的不情愿赶得无影无踪。等我们带着回头礼回到家里的餐桌旁，我们的手擀面已经凉了，但一点不坨。

天晴后，邻居们会纷纷来道谢，他们一个劲儿夸父母亲做的手擀面汤鲜味美，好吃得不得了。她们甚至还商量着下次几家合在一块来做，做点青瓜手擀面，再做点韭菜手擀面，看她们说得兴高采烈，欢天喜地的，似乎她们从来都没有吃过生活的苦，受过生活的累。

后来，我出远门念书，在远方的城市，第一次跟同学们去街市上的小馆子吃面条，是一家刀削面馆，一个大厨把一团面扛在左肩膀上，右手用刀飞快地削面，面一块块飞进锅里，我仿佛看见一位武功高强的大侠隐于烟火尘世，内心里叹为观止。面条上来后，一位同学学着邻桌的客人，把桌上的辣酱往我们的面碗里撒了又撒。我先捡了一筷子的面条，只觉得辣得不行，但想着是破费了十块钱买的面，不能浪费，于是咬牙吃，越吃越觉得那面条爽滑有嚼劲，就是记忆中我父母亲合力做出的手擀面的味道。我分外想念起那青瓜手擀面，那面那汤的鲜香适口比这只知道辣的刀削面不知道好上多少倍。我甚至想到等我毕业了，就指导父母亲开一个手擀面馆，我父亲擀面条的手艺跟这飞削面片的大厨有得一比，我们家的生意说不准跟这刀削面馆一样顾客盈门，人声鼎沸。

可是，来不及了，我刚刚毕业没多久，父亲就患了癌，经历了两年的求医之路后，他永远地离开了我们。父亲去世后，我母亲一次也没有做过手擀面。每每到了阴冷的下雨天，或者当我走过城市街头的面馆时，我总要想起父母亲合力做出的手擀面，尽管我怀念那手擀面，可是再也舍不得让形单影只的母亲操持做手擀面给我们吃。

一起去吃馄饨

童年时候，家境窘困，鲜少能去饭馆里吃饭，不多的几次下馆子的记忆，那是跟随老祖父去冬日的澡堂洗澡，祖父在男浴室洗完澡后，就坐在澡堂门口出入处等着，等我从女浴室里出来，却不即刻回家，我们要一起去吃馄饨。祖父在前面领着，我跟着，我们去浴室旁边不远处的一个馄饨店。馄饨店里烟雾弥漫，人声喧闹，水泥地上摆着七八张长方形的黄木桌子，两边放着长条凳，长条凳上坐满了人，都是洗澡后来吃一碗馄饨的人。

刚进去，没有空位子，只好等着，等着哪家大小吃好馄饨，撂下空碗，他们一腾出座位，我们立刻坐上去，坐定了，听得祖父用洪亮的声音大声呼叫："老板，来两碗猪油小馄饨。"那边收钱处远远地用唱戏的腔调唱和着："小馄饨，两碗。"这一呼一应之间，空气里流淌着幸福的味道，我们知道厨房里一定马不停蹄地准备起来了。

馄饨前面添个"小"字是为了与另外一种吃食——饺子区别开来。在我们这地，人们称饺子为"大馄饨"，馄饨为小馄饨，饺子和馄饨是两种价格，两种滋味，以经济计，从口味讲，祖父喜欢吃小馄饨，我也喜欢吃小馄饨。

馄饨被端在我们面前了，两只粗瓷大海碗冒着蒸腾的热气，猪油的香和着芫荽的香直冲进鼻子里，我忍不住深深地吸了一口香气。海碗里的汤呈淡金色，仿佛金色夕阳照耀下的海水模样，卧在碗里的馄饨像一只只贝壳在水里闪亮。碗边搁着一只瓷勺，我迫不及待地拿起瓷勺搅拌起汤碗来，让漂浮在碗面上的金色猪油浸润到碗中去，随着搅拌，榨菜丝、虾米干浮现上来，真是配料丰足！舀起一只馄饨，只见外皮打着让人看不懂纹路的皱褶，但薄嫩如蛋白，内里露出一点轻微的红色，那红色是我们平日难得上口的鲜美猪肉，一口吞下去，滑软鲜嫩，鲜得眉毛要掉下来。我迫不及待地一个接一个吃起来。祖父吃馄饨，从来不是我这火烧眉毛、急不可待的模样。他慢悠悠地舀起一只馄饨，送入嘴里，再细细地品尝着。我碗中的馄饨很快就被我风卷残云一般吃完，而祖父的碗里还有一大半呢，他就把他碗里的馄饨又捞了一半，分到我碗中来。

我上四年级的时候，祖父生了病，快要去世了，临终前的日子，父亲每每去问他有没有想吃的吃食，他总摇着头。一日，祖父说他想吃老街浴室旁不远处那家馄饨店的馄饨。还好，那家店幸存着，父亲赶紧骑了车去那家店买了一斤生馄饨回来，母亲用铁锅煮了，端到祖父的床前。他没吃上几只就摆了摆手，不吃了，不知道是因为身体疼痛，还是因为舍不得。母亲怕他跟从前一样舍不得吃，就劝慰他说："锅里多着呐！"祖父只是摇头，他用手指着我和小弟，意思是剩下的给我们吃！

长大后去小吃店，我的首选吃食是一碗小馄饨，只是身边早已没了祖父的陪伴。我怀孕时特别想吃的吃食竟然也是一碗馄饨，只记得先生大晚上巴巴地去买了馄饨来，我吃了，那滋味却也了了，没有和老祖父一起吃时的美。

再后来，孩子大了些，我有空暇翻闲书，读到有"馄饨"两个字的句子，总是分外入心，看到《浮生六记》里芸娘包了一个馄饨摊子陪着丈夫沈三白去郊游，想到要是老祖父还在的话，我也要包一个馄饨摊去郊游，逛累了，祖孙俩就吃馄饨，再也不用像从前在馄饨店里等人家挪位置。

　　还在各类书上看到小小的馄饨在全国各地各有其名，有的地方称它们为"抄手"，有的地方称为"扁食"，还有的地方唤作"云吞"。香港作家亦舒写："吃一碗云吞，好吃得连舌头都要吞下。"我喜欢"云吞"和"馄饨"这两个名字，云吞，把云朵般飘逸轻盈的这美食吞下去，可不是人间至味，无上美妙。而"馄饨"谐音"混沌"，似乎在告诉人们，即便这食物是用混混沌沌的馅心，杂乱的手法卷包起来的，也自有一份势不可当的鲜美滋味。

　　如果老祖父在的话，我要告诉他小馄饨有如此多的美妙名字，且带着他去各地吃馄饨，像他小时候领着我去那家人声喧闹的馄饨店吃馄饨的样子。

喝一碗腊八粥的幸福

家里的老人如会说话的日历，素日平常倒也罢了，逢到农历年的四时八节之类的日子，他们定会心心念念，郑重过活起来，比如，腊月初八这天。

一大早，婆婆就对一家人说开了："今儿腊八，晚上等你们都家来，我们熬腊八粥来吃吧?"我连表赞同。傍晚时分，婆婆在厨房里忙开了，她翻出了秋天晒好的山芋干，洗出了碧绿的小青菜，泡胀了黑豆、红豆，准备了一碗稠厚的小麦面糊，那是用作挟面疙瘩的，她要开始熬粥了。

夜扯上了一大块乌漆墨黑的幕布，遮天盖地，却遮不住四处流窜的腊八粥的香味，豆子、花生、大米等谷物经灶头上的大火熬煮后融合在一起，散发出不可思议的香气。一盏白亮亮的灯，把屋内照耀得如同白昼般，桌子上围绕着一家大小，腊八粥盛在碗里，热气腾腾。我怕烫，小心地呷上一小口，再喝上一大口，赞不绝口起来："鲜，香，跟小时候吃的腊八粥一模一样啊!"

只有家里的小孩子，八岁的女孩儿，皱着眉毛，苦着脸，上刑般喝上两口，迫不及待地另作要求："不吃，不吃，乱七八糟的一锅乱煮的粥，实在吃不了，拿白粥来。"

我预言家般笑着对孩子说："总有一天你会喜欢这一碗腊八粥。"

童年时候，每逢腊八这日，母亲中午不做饭，会熬上一大锅腊八粥。因着家境贫寒，母亲也不去市面上买食材，就地取材，家里窖藏的山芋刨出几个，削了皮，剁成小块状，秋天里收集起来的扁豆、豇豆、黄豆、花生都抓上一小把泡起来，把娃娃菜洗干净了。

喝一碗腊八粥的幸福

大铁锅里放了足量的水，灶下点起火来，架起成人手臂那么粗的木材烧起来，黄豆、花生米、豇豆之类硬子弹样的食物先放铁锅水里，大火熬煮一番，陆续放糯米、小米、山芋块，倒上几勺平日舍不得吃的豆油，放上生姜、盐等调料品，只等到一锅粥浓稠得浆糊一般，咕嘟咕嘟地喊叫着，像有一条条大鱼藏在锅底吐无数的气泡，倒入青菜稍煮，糯米、豆子的香气早就搅和在一起，四处飘溢着，此刻更添青菜香，灶下的火势弱下来，可以盛粥装碗了。

母亲喜笑颜开地把一碗碗粥端到桌面上来，端到做孩童的我们面前。我们却气得忍无可忍："大中午的就让人喝粥吗？还是我们讨厌的杂七杂八的一锅乱炖出来的粥？"

父母亲却对我们不管不顾，腊八这天的中午我母亲向来是不煮饭的。我们要么喝粥，要么没得吃。父母亲他俩只管一个劲呼啦啦喝着粥，一边分外满足地说："好吃，好吃，真好吃啊！"他们联合在一起，对我们分外铁石心肠。而我们总是不能懂得这一锅乱七八糟的粥究竟好吃在哪儿。

直到成年后，我才渐渐体悟了一碗腊八粥的滋味。平日里，上有老下有小被生活的重担压着的父母亲，哪有空子去收罗那一堆吃食材料，再费劲劳神地去熬一锅粥？腊八这天，似乎得到了生活的赦免，可以过一次与以往不同的日子，吃一顿与以往不一样的饭食，这样的粥食不仅满足了他们的口欲，更是慰藉了他们的心，使他们品尝到生活给予的一丝幸福。

当我能品尝出一碗腊八粥的好滋味的时候，我也是人近中年了，而一如当年的我，我的孩子也叫嚣着说她不要吃腊八粥。不过，不要紧，就在腊八粥的滋味里，她会渐渐长大，也终会懂得喝一碗腊八粥的幸福。

小麦面饼的时运

童年时候，家乡的村庄上一进腊月门就开始忙农历年了。忙年的事儿当然多了：粉面、杀年猪、扫尘、写春联……做年吃食又是其中的重头戏：做饼、蒸年糕、蒸包子、炸肉坨子、炒花生、炒葵花子、搓圆子……做饼是年吃食中的头一桩，饼有碎米面饼和小麦面饼。碎米面饼因为素日平常也会做来吃，因此只做极少量的尽个意思，小麦面饼则大量地做出来。人们用一尺口径的面盆来和碎米面，但用直径三尺长的木盆或者塑料盆来和小麦面。

小麦面舀到木盆里去，加了酵头，倒入早就冲好的糖精水，开始摜面。摜面是个下大力气的活，我们家摜面的活一般是父亲干的，他力气大，只见他洗净双手后，叉开十指开始和面，等到无数絮状、块状的细面团在父亲的大手下变成光滑黏性的一大团，那大块面团光亮得就像一匹上好的绸缎，我们以为这面就摜好了。不不不，父亲仍是在这团面上卖力气，他从双手揉面变成了握成拳头捶面，好像面前的面团是一只大沙包让他用来发泄力气般，我们小孩子在一旁看得气急，直问下来："爸爸，面不是光溜溜的好了吗？"母亲瞧了一眼说："没呢，还要摜呢！"这样摜面是为了给面上筋骨，看，何止人需要经风历雨练就出坚韧的品性来？连一盆面想要有筋骨都需要两只重拳不停地摸打捶砸！等父亲摜面摜出一身汗来，母亲拿着手巾不时地帮他擦拭着额头上要掉落的汗珠，这面大体上就摜好了。

摜好的面白白胖胖的像初生的婴儿，母亲用清洗得极干净的面布覆盖在面盆上，面盆有两个去处，有时放在灶膛后面的稻草堆里，母亲在稻草堆里垒出一个小小的窝铺来，在窝铺里铺上一件大号的厚棉衣，父亲把遮盖好的面盆搬进草堆窝铺里，用厚棉衣把面盆裹得严严实实的，棉衣上面再覆盖稻草。母亲有时也会把面盆直接用一床棉被裹起来放在没有人去的西厢房里，这七捆八盖的拾掇是为了发面。

第二天，母亲一早就去掀开棉衣布面，看面发得如何。一眼看去，昨儿那面团已经铺满了木盆，还差点溢出木盆来，母亲奔走相告，喜不自禁地说："面涨起来了，涨起来了!"面涨起来的样子，就像一个暴雨之后，小河里涨了水的样子。

父亲搬出面盆来，稍稍兑碱摭揉，就可以做饼了。

灶下添柴火一个人，灶上做饼一个人，用手捏一块面团，摊在铁锅上变成一个个圆月亮形状的饼，小麦面饼等到一面金黄，另一面浅黄色，就可以起锅了，贴锅的那面是脆的，不贴锅那面绵软，吃到嘴里的小麦面饼，暄腾软绵，甜津生香，有嚼劲。

小麦面饼母亲会做上一箩筐，是那种深箩大筐。这不是一天两天能吃完的吃食，过了三两天，等忙停当下来，母亲就用刀把小麦面饼切成长条状，放在柴席上去晒，晒成饼干子。

这饼干子是我们小孩子最喜欢的零食，等到农历年过后，家里过年的花生、瓜子、糕点、糖果全部吃光了，整日里觉得嘴里寂寥，就跟磨牙的小老鼠似的想吃东西，母亲就把饼干子口袋打开，让我们拿几个饼干来啃，那饼干子初啃就跟石头似的，硬得过分，等我们用锋利的小牙齿撬开一块来，咀嚼一番，就尝到了饼干子又甜又香的味道，一吃就不可收拾了。每天临上学前都要揣上几个饼干子。

我们有牙的小孩子图省事干吃饼干，没牙的老祖父他也吃饼干，他是潮吃饼干。所谓潮吃饼干，就是老祖父玩了小纸牌后，回家来觉得肚子饿，就在大铁锅里放水，倒豆油，灶下添柴火煮沸了水和油，放饼干子，再用大火烧煮，等饼干半融化状态，撒上小葱丁，装碗开吃，饼软葱香，鲜咸可口，滋味极妙。嗜甜食的人则不放精盐和葱丁，撒上绵白糖。我母亲还常常煮饼干子做待客的茶食，不过在饼干子煮沸后，会打上几个鸡蛋，一碗鸡蛋饼干茶食，让客人饱了腹，只吃得满面红光。

等到方便面、干脆面、火腿肠、大白兔、蜜枣、麦乳精等成为我们乡村孩子寻常的零食时，村里的妇人就不再为家里的老小做小麦面饼。老人，像我的老祖父从前爱吃豆油煮饼干，现如今也洋气起来，只吃烧饼煮鸡蛋了。街市上的烧饼似乎更香脆绵软，煮食来吃，一点儿也不比饼干差。小麦面饼至此像皇宫里打入冷宫的女人，没有了抛头露面的日子。

与小麦面饼重逢是近些年，偶尔被友人邀请去饭店里吃饭。饭桌上有道家常菜红烧杂鱼，杂鱼有虎头鲨、昂刺鱼、小草鱼等，一锅乱炖，这些鱼都是我们小时候吃惯了的，我们自是喜笑颜开，和杂鱼一起端上来的，还有一竹篾篮子的小麦面饼，用小麦面饼蘸着杂鱼的红烧卤吃，真是鲜香咸辣的好滋味，这吃食仿佛带着我们回到了童年。

小麦面饼和杂鱼成了许多人必点的一道菜。店家又开发了一道饼干煮老鸭汤，饼干是放在老鸭汤里，被老鸭汤一浸泡真是又脆又软又鲜，好吃得无可比拟，我细细一想，这不就是我祖父的潮吃饼干嘛！现如今，这两道菜成了我们家乡饭店里的招牌菜。

没想到那样平淡无奇的小麦面饼也"三十年河东，三十年河西"起来，何况人乎？

家的食单

蒸包子，过大年

在我的家乡，自我有记忆起，腊月里家家户户要忙年，忙年做年吃食是头一桩。年吃食种类缤纷，肉类有腊肉、香肠、肉坨子……面食类食品也毫不甘落后，人们常常要做年饼、蒸年糕、蒸包子、搓圆子……

做年面食，我爱蒸包子的那份热闹劲儿，合家大小挥衣卷袖齐上阵的欢腾是做别的面食无可比拟的。实在要打比方的话，蒸包子是一群人合力唱了一台大戏，而做其他面食呢，则像一个人上台独唱。不谈哪种面食的口味更精彩，怎么想也是一群人的"大戏"让人有盼头。

记得那时候，母亲身体单薄，她可以一个人去蒸年糕，更是能一个人搓圆子，但蒸包子的面总是父亲来搋，一个"搋"字有力量感。母亲拿出一米直径圆口的干净木桶或者塑料桶，拖出面口袋往桶里按斤舀面粉，等有十斤、十五斤的面粉，开始放水，放多少水。父母亲根据他们往年经验来安排，接下来就是父亲施展拳脚的时候，他又开粗大宽厚的手掌搅拌起面来，用不了多久，那些面就被收拾成溜光水滑的面团了。我们在一旁观看父亲搋面，以为面终于弄好，却没料到父亲并不放松，他不再用手掌，改成了拳头，左一拳右一拳砸在面团上，我们大惑不解，母亲解释说："不这样使劲搋，面不筋道……"中间似乎还放了适量的酵母粉。

等那大桶的面团变得跟一团活物似的，可拎可提。母亲给木桶罩上一块干净的厚布盖。父亲像包裹一个怕冷的婴儿一样，用整床的棉被把木桶连盖布包裹起来。第二天一早，他俩先起床的那人会去掀开棉被观看昨儿搋下的面，另一个会用略有些焦急的声音问："面来了

蒸包子，过大年

吗？来了没有？"那语气简直像在探问他们要好的朋友究竟有没有如期来串门，其实是问面有没有膨胀起来。

一旦昨晚平板结实的面"水涨船高"似的鼓胀起来，母亲就赶紧准备弄包子馅儿，全家老小齐上阵，我们拣菠菜、剥葱蒜、洗萝卜……母亲剁猪肉丁儿，然后分门别类下铁锅里爆炒成馅儿，我们家的包子馅儿是这样几种：纯猪肉馅、猪肉菠菜馅、萝卜鸡蛋油渣馅、红豆沙泥馅……有一次看张爱玲写，她在念中学之前去白俄钢琴教师家弹琴，弹完后白俄老师请吃包子，包子种类齐全，有蒸有煎有烤，五花八门。她呢，因为紧张，弹琴之后感到委屈，任凭那白俄老师劝她吃包子，她一个都不肯吃，直到她读到鲁迅先生翻译的一篇俄国的小说，小说里写俄国当地特产是各种鱼馅包子。张爱玲看到此处，气得直跺脚。她在懊悔当年做小孩子没有吃白俄老师的鱼馅包子。我少见多怪地觉得用鱼来做成包子馅，会不会腥得不能入口？想来想去都是我母亲做的包子馅更鲜香咸淡适口。

馅做好，母亲取出保存多年的2米直径的大竹匾，刷干净，搁在小方桌上，匾里敷上一层薄薄的干面粉，把发酵好的面从桶里提出一大块来，切成婴儿拳头大小的剂子，再压扁，用勺子挖上馅儿，捏成包子，上蒸笼蒸。

蒸包子的时候人手更要足，祖父撒面粉做剂子，父亲将剂子压成扁平圆，母亲捏包子，我负责灶下添柴火，烧开水蒸包子，调皮的小弟弟则捣乱捏手指大小的包子，父亲时时起身放蒸笼去锅里，掀笼取熟包子，洗笼布，换笼布……一屋子的人都忙而不乱地干着活，说笑着，也大快朵颐地品尝着各种馅儿的包子。

蒸上一两个小时后，厨房里就变得烟雾缭绕，人似在云雾中穿行、做活，我总是抱怨这烟雾，母亲却开心说道："这就是蒸蒸日上，说明往后我们家日子好着呢！"

我们家把包子一直称作"包子"，直到有一年我去城里姑母家拜年。姑母家住的是一幢气派的小洋房，房子里的墙壁上贴着雪白的瓷砖，地上是水光溜滑的水磨石地面，一直住在砖墙砖地屋里的我，简直就如到了华丽的宫殿般快乐和局促。

慈祥的姑母开心地问我们："吃不吃点心？"我心里暗暗揣测："点心是什么好东西？"直等到姑母用一个蓝花的大瓷盆装上满满一盘的雪白的包子，我哑然失笑。

直到成年后，我才知道我有学问，见过人世春秋的姑母为什么不称包子为包子，而称包子为点心。"包子"在我们苏北方言中有斥人愚钝之意，而"点心"两个字则是华堂里的娇客，让人们心心念念，郑重相待，犹如我们这些小儿女。

鱼水佳

家的食单

祖父的田螺

记得幼时家贫，我家餐桌上是贫瘠的，都是自家菜园生长的瓜果菜蔬：青菜、茄子、南瓜一日一日吃过来。南瓜、茄子、青菜再一日一日吃过去。吃到我们心里厌烦，嘴里发苦。老祖父心疼起我们，想着给我们改善伙食，他日日起早，去田垄旁的沟渠里捉田螺。

夏日的清晨，微风轻拂，空气清新又凉爽，老祖父走在沟渠旁，沟渠里的水草正快乐地随风摇摆，它们扭动着腰肢胳膊，似乎在尽情地跳着一支快乐的舞蹈。田螺们正攀附在水草上，随着水草婀娜的舞姿，它们像顽皮的孩子乘上最惬意的秋千，呼啦啦荡过来，再荡过去，只要你用心，能听到田螺们哗啦啦的笑声。

聪明的老祖父伸出手来，临水把草叶轻轻一托，三五个附在草叶上的田螺就稳稳地握在他手心里，收入囊中。再迟一点，八九点钟，太阳毒辣辣地晒上来，田螺们就精灵似的躲到沟渠底。这时要捉住它们，老祖父浑浊的眼已是看不清，必得带上我们，借我们明亮的眼看了："爷爷你看这里，这里有一个，这里还有一个……"运气好的话，我们祖孙还会捡到一两只龙虾或者小螃蟹。

老祖父把捡回来的田螺用清水养在瓷盆里，往田螺盆里倒上一两滴菜籽油，说田螺在盆子里养上几个小时或者天把都可以的。我们好奇发问："爷爷，田螺馋得要喝油吗？"老祖父笑眯眯地答："滴油是让田螺好吐籽呢！"我时不时朝田螺水盆里看去，可是一次也没看到田螺吐籽的状况。

临近中午烧饭前，老祖父开始剪田螺，他右手拿着老虎钳，左手捏着田螺的阔大头，把田螺的尖头尾巴塞到老虎钳嘴里去，只听"咔嚓"一声，田螺就剪好了。不一会儿，老祖父右手边的菜篮子里就装了小半篮剪好的田螺，去河码头上淘洗干净。

此时，母亲用大铁锅煮好白米饭了。她把小铁锅烧热，倒上油，把切好的姜丝、葱花放油锅里爆香，紧接着把田螺倒油锅里翻炒，左一铲子，右一铲子，只听油锅里哗啦啦响成一片，比急雨打在雨棚上的声音来得更脆亮，加适量的水，倒老抽酱油、放辣子等作料红烧。过上一小会，那喷香的鲜味从厨房里溢出来，溢得空气中到处都是，直馋得我们拼命吞口水，我们真想揭开锅盖瞧上一眼，母亲却始终不许，她说烧田螺的锅一旦掀开，就不能再盖起，否则田螺不好吸吮，也不知道有没有道理？终于熬到要开饭，母亲揭开锅盖把田螺装上桌来，我们简直乱了阵脚，手和筷子分外忙乱，热烈搛着、又使手拿着。就着田螺，我们能吃下两大碗白米饭。祖父却只是吃了少许，他倒了田螺的汤卤拌饭，眯眯笑着，看我们吃。

田螺要是一日、两日吃不完，我母亲就把田螺下热水里汆熟，再嘱咐家里的闲人——老祖父挑出田螺肉来。挑出的田螺肉用来炒韭菜吃。去菜园子里割上一把鲜韭，洗净切段，下热油锅爆炒田螺肉，田螺肉跟猪肉比起来，更清爽不腻口，炒出来那盘菜，肉嫩韭鲜，很受全家人欢迎。

我母亲还为老祖父自创了一道田螺吃食——田螺糊涂，所谓"糊涂"就是面糊糊。在小铁锅里放水倒豆油烧开，左手扶碎米面粉碗，用力均匀地抖动面粉碗，往沸水里撒面粉，右手持筷子搅拌面粉，锅下使小火不停，面粉搅拌均匀后，倒入田螺肉，使大火熬煮，歇火前搁一些盐花、味精，装到碗里，迫不及待呇上一口，鲜咸有滋味，是那年头难得的美味。

老祖父他真的老了，他不能再帮我们捡田螺，得了肺病，整日在床上咳嗽。医生背地里跟父亲说:"他时日不多了,弄点好吃好喝的给他,不枉来人世一场!"母亲问他想吃什么?他费了好大劲说:"想吃田螺……咳咳咳!"

母亲指派我和小弟去给祖父捉田螺去。其时却是秋季,田野里一片金黄,稻子要熟了,沟渠里的水快要干涸了。我和上了一年级的小弟,一口气跑到沟渠边,沟渠上没有田螺,我们卷起裤脚,下到渠里,在渠底乱摸一气,也终于捡到一小盘的田螺,还很运气,抓到一只鲜红的大龙虾。母亲烧好了端到祖父的床前说:"这是你孙子孙女捡的。"祖父的笑容就浮上脸来,我和弟弟也笑,父母亲也笑了起来,祖父患病来家里第一次有这样温暖的气息。老祖父看了看碗,提起了筷子,嘬了一点卤,嘴里说:"鲜呢,田螺、龙虾还是留给我娃娃吃……"

第二年的夏天,沟渠里的水满了,田螺们吊在草叶上荡秋千,老祖父不在了,我和小弟独自去捉田螺……

后来,我们长大了,再也没有去捉田螺的闲时闲情。田螺倒还常常上餐桌,这家常的美味常常会唤醒我们的记忆,童年的往事,还有老祖父的身影会浮上心头,一种说不清道不明的忧伤和惆怅就会如涟漪般在心湖上一波一波地荡漾!

童年时的咸鱼干

从前，在乡村里居住，没有冰箱，没有真空包装机，主妇们想储存食物大多采用腌制的方法。素日平常她们腌咸菜、腌萝卜干、腌鸭蛋，临到逢年过节，她们腌猪肉、腌鸡、腌鸭、腌腊肠，当然也腌鱼。

我小时候，我母亲腌的最多的是鱼。那时候，我父母亲做着卖鱼的小生意，父亲每日从远处的渔场挑鱼赶到我们本地的早市卖，鱼时有当天卖不完的状况，剩鱼都养在家里的大鱼桶里，一旦它们在鱼桶里游得不那么起劲了，母亲就会把它们捉上来做菜煮汤来吃。有时自吃也吃不完，眼看着鱼们纷纷要起水了（方言，意思是要死了），一旦鱼起水漂在鱼桶面上，就不能吃了，只能忍痛倒掉。我会过日子的母亲怎么会容许这样的事情发生？她把快起水的鱼从水桶里捞出来，刮鱼鳞、剖鱼肚、去内脏，用清水洗净，晾去鱼身上的水汽，再用细白盐把鱼身子里里外外擦上一遭，找出家里的铁丝把鱼串起来，细铁丝穿小鱼，粗铁丝穿大鱼，把穿了鱼的铁丝拢成圈，再把鱼串铁丝圈挂到屋檐下去，由着风吹太阳晒，那软塌塌的鱼逐渐变硬实了，最后几乎干硬得跟石块一样，可以收存起来了，我母亲用一只不透气的塑料袋保存这些鱼干。

到了冬日，买鱼吃的人多了起来，家里很少有剩鱼吃，父母亲做鱼生意赚得的几许钱要还小弟治病欠下的外债，别提买肉，连豆腐、百叶之类吃食也舍不得买来吃。屋后的菜园子里又萧瑟一片，母亲天天炖小咸菜给我们吃，我们都吃嘅了嘴。这时，母亲取出鱼干来做菜肴。筷子长的草鱼干、黑鱼干适合红烧，用水浸泡，泡去盐分，切段或者不切都可，大锅烧热倒油，放蒜、姜、辣椒等作料爆香，把咸鱼干放进锅里稍稍翻炒，放适量水，倒入自家做的豆瓣酱大火烧煮，要不了一会儿，锅里就发出咕嘟咕嘟的声音，空气里也散发出烧鱼的浓烈酱香味，红烧鱼干要比烧鲜鱼多焖煮一会儿，在装盘之前，推入切好的芫荽，翻炒，装盘。红烧的咸鱼干吃到嘴里，虽不如鲜鱼肉那样嫩滑，但鱼肉板板正正，有嚼劲，越嚼越有香味。我以为咸鱼干酱煮红烧，以黑鱼干味好，鲜黑鱼的肉有些柴，腌过的黑鱼干则去了柴变得板实又筋道，用酱煮后，真是咸辣鲜香。

　　我最喜欢的咸鱼干不是大鱼腌成的，是母亲腌的一种小草鱼干，那小鱼干大概只有成年人的手指头长，这鱼干刺极多，不适合煮来吃。需用"炕"这一烹饪手法。所谓"炕"在我看来就是少油少盐的干炒，那时候日子穷，油盐都金贵，为了炒腌小鱼干花费太多油，母亲是舍不得的。她把锅烧热，往锅里轻轻抹了一层稀薄的油，然后倒入小鱼干硬炕，炕小鱼干就像炒花生米，锅铲左右不停地挥动翻炒，一刻也不停歇，以防把小鱼干炕煳，等小鱼干变得略有些焦黄，又散发出喷香的鱼的鲜味，就可以装盘了。吃小鱼干连筷子都不需要，我们用手抓起一只小鱼放到嘴里咬起来，发出咯吱咯吱的响声，小鱼干脆香咸鲜，比油炸花生米的滋味还胜几分。

　　炕小鱼干可以佐粥来吃，也可以配米饭来吃。我常常一手拿着炕好的小鱼干，一手端着粥碗去邻居家听他们闲聊，喝一口粥，咬一口小鱼干，听大人们讲些奇闻逸事，真是惬意得胜过神仙。上学的时候，我也会偷藏上数只在口袋里，上学路上吃上两三只，剩下的带给要好的同学，她们看到小鱼干也会欢天喜地。

　　炕小鱼干当然也是母亲送人的礼物，她常常用碗装了送邻居，有时又用不透气的塑料袋装一些送给我的姨母。

后来，父母亲不再贩鱼卖，各式鱼干自然也没有了。各家的条件也日渐好起来，有冰箱保存吃食，主妇们腌菜做得少了。

工作后，偶尔去饭馆里吃饭，有次吃到一道名叫"龙虎斗"的菜，厨师把咸肉块、咸鱼段放一起蒸，大概咸肉块是"虎"，咸鱼段是"龙"，这腌鱼段是鲤鱼腌制，不是我小时候常吃的草鱼、黑鱼，但聊胜于无，有腌鱼就好，我迫不及待地掭上一筷咸鱼段，吃在嘴里没有我童年时候的咸鱼干的筋道嚼劲和一种越嚼越有味的余香，大概现在的人舍不得也没有耐心用阳光把鱼晒得透透的，晒成石头样干硬，我还是怀念童年时的咸鱼干，煮的、炕的都想念。

小杂鱼

多年以后，在家乡的饭店里吃到红烧杂鱼这道菜。店家把一只口径一尺多的双耳黑色小铁锅直接端上桌来，锅里是浸泡在汤卤里的数条杂鱼，我一眼认出这些杂鱼，虎头鲨、昂刺鱼、泥鳅、鲫鱼……都是些我小时候常吃的鱼。铁锅锅边上贴着手掌形状的淡金色的小麦面饼，也是我童年时过春节母亲必做的饼之一。如今的店家可真是心理学高手，餐桌上的人只消往小杂鱼瞧上一眼，童年的记忆就呼啸而来，于是纷纷舍了其他美味佳肴，往红烧杂鱼这道菜奔来。

我的家乡是水乡，沟渠纵横，河道密集，多鱼虾。我们小孩子去河码头上淘米的工夫就能捉回几条鱼来。淘米时米箩筛下些碎米粒在河码头上，引来各式小鱼嘬喋。一只虎头鲨摇头摆尾地游来了，我们屏住呼吸，把竹篾篮子悄悄地埋伏到水里去，等虎头鲨游进竹篮上方，迅疾拎起竹篮出水，虎头鲨就成了我们的篮中之物。汪曾祺先生对虎头鲨有过详细的描述："浑身紫褐色，有细碎黑斑，头大而多骨，鳍如蝶翅。这种鱼在我们那里是贱鱼，是不能上席的。"

捉鱼有瘾，我们忘记了等米和菜下锅的母亲，只管守在码头上等着鱼儿来。果然，不一会儿，又游来一条昂刺鱼，老办法，埋篮子入水，等昂刺鱼游在篮子上方，立即起篮出水，昂刺鱼也入了篮中，昂刺鱼的样子正如汪曾祺先生所写："昂刺鱼的样子也很怪，头扁嘴阔，有点像鲇鱼，无鳞，皮黄色，有浅黄色的不规整的大斑。无背鳍。而背上有一根很硬的尖锐的骨刺……"

就用这简单的法子，我们有时可以捉得四五条鱼，虎头鲨、昂刺鱼、参子鱼、小草鱼等不一而足，四五条小鱼大烧大煮却有些犯不

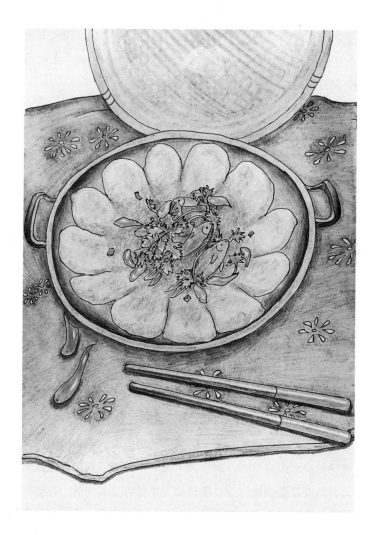

小杂鱼

着。我母亲有法子，把这些小杂鱼收拾干净了，一只中号碗装了，碗里加上不多的水，倒上一勺子菜籽油，舀上一勺白酱油，搁上些盐花，放入葱段和几根姜丝，把鱼碗放饭锅头上蒸。饭熟，一碗小杂鱼也熟了，端上桌来，虎头鲨、昂刺鱼都肉多刺少，且鱼肉细腻滑嫩，唯有参子鱼鲜是鲜，但多刺，吃的时候尤需小心，整碗小杂鱼汤卤的鲜是全家公认的。

当然，清蒸小杂鱼的滋味是怎么也比不了酱煮小杂鱼的。

水乡家家户户都有善捕的男人，我祖父、外公、父亲都是捕鱼捞虾的能手，只是他们常常要去工地上干活挣钱养家糊口。等到大暑里，工地上歇暑放假，他们有了空闲，会在傍晚时分去沟渠里、河道里撒渔网，第二天凌晨四五点钟去起网，那圆形的渔网被小心地从河沟里拖上来，只见网里参子鱼、虎头鲨、昂刺鱼、小草鱼琳琅满目，有些生命力顽强的鱼蹦跳着想逃出这渔网去，大人们眼疾手快地把这渔网里的鱼倒在事先准备的高桶里，参子鱼多刺，有人不喜欢吃，就随手又扔进河道里去。

个头大的鱼有时拿去市场上卖，小的一拃长的杂鱼留着家里酱煮吃，母亲把小杂鱼收拾干净了，又切了红辣椒丝、绿葱段、黄姜片，烧热大铁锅，倒入菜籽油，看着菜籽油在热锅里泛出无数金黄灿烂的微小泡沫，倒入辣椒丝、姜片等作料爆香，把小杂鱼倒锅里稍稍烩炒，添水，搁自家腌制的酱赤色浓豆瓣酱，大火焖煮，要不了一会儿，锅里咕嘟咕嘟地沸腾起来，熄火，利用灶膛里的余温闷鱼，把酱料的滋味都浸到鱼身上去。装杂鱼上桌，不论是昂刺鱼、虎头鲨还是小鲫鱼，鱼肉都是细嫩鲜香，味道总比单独红烧其中的一样更鲜。汤卤也鲜得眉毛要掉下来，我常常舀了几勺子泡饭吃，我祖父是会吃的人，每当母亲酱煮小杂鱼，他下午打小纸牌结束后，就去街市上买烧饼或者馒头回来，另用一个小碗倒了鱼卤，用馒头或者烧饼蘸鱼卤吃，美滋滋地"吃节晌"。

世事变幻无常从小杂鱼身上也可见一斑，诚如汪曾祺先生所说，昂刺鱼、虎头鲨都是贱鱼，从前我们村庄上人家办宴席，小杂鱼是上不了桌的。哪里能想到数年后，家乡饭店会把虎头鲨、昂刺鱼这类杂鱼作为招牌菜用来招揽顾客，而我祖父的吃法竟然成了公认的美味吃法呢？

龙虾和小石蟹

你若问我世上最美味的龙虾、螃蟹吃食在哪里，我一定会说，不在顾客盈门、人声鼎沸的餐馆里，也不在声名赫赫、厨艺出神入化的大厨手中，而在自己去沟渠里打捞，母亲做出的那份家常菜里。如今岁月，龙虾一到上市季节，就成了我所在小城许多餐馆的头牌菜，餐馆里的菜单上有蒜蓉龙虾、香辣龙虾、姜葱龙虾、十三香龙虾……你想要什么口味的，店家就能给你端上什么口味的。

把餐馆里数种口味的龙虾尝遍，我就更怀念起小时候吃的红烧龙虾和小石蟹。龙虾、小石蟹是我和小弟去沟渠里捉来的。

清早，赶在太阳出来前，顶着一走一身湿的露水，我和小弟来到围埂上，围埂的一边连接着碧翠如丝绒毯的稻秧田，另一边就是我们的目的地——有着清浅流水和丛生杂草的沟渠。我俩带着虾网子、虾罾子，虾网子形如勺子，竹竿做柄，柄头焊着一圈铁丝，铁丝绑着一张尼龙网袋。虾罾子形如牧人的蒙古包房，又像夏日床上的帐子，细竹片作撑子，三面细尼龙网绑缚在撑子上，一面是敞开的大口，上有手柄可抓。我和小弟屏住呼吸站在围埂上，大气不敢喘一声，就怕惊跑水里的龙虾们，只见龙虾们这里一只那里一只浮在水草头上，它们在呼吸清早的空气呢，我轻手轻脚地把虾罾子放入水中，再小心翼翼地把虾罾子往水下埋，直到它的底部与沟渠的底部贴合。小弟则站在离我一丈远的地方，迅疾放下虾网子朝我这里赶龙虾，龙虾的生性是碰到危险，赶紧蹦跳着后缩，它们这一蹦一缩，恰好到我的虾罾子里来，一看龙虾们入罾，我迅疾抓起虾罾子出水，让罾子的敞口朝天，这几只龙虾就这样成了"罾中之鳖"。

在我和小弟的合力"围剿"下，个把小时的工夫，我们就能捉得半桶的龙虾，小弟比我胆大，他还观察沟渠两边泥土上大大小小的洞眼，这些洞眼有龙虾洞、螃蟹洞，当然也有让人胆战心惊的蛇洞，只要看见有蟹螯半隐半露于洞口，小弟就徒手去掏，会掏出火柴盒大小的螃蟹来，据母亲讲这蟹都是长不大的，叫小石蟹。

太阳升高了，天气开始热起来，桶里的龙虾和小石蟹纷纷痴心妄想地想爬出桶沿，却一次又一次地跌落到桶中去，我俩开始打道回府。

小石蟹不多，一次最多捉三四只，它们爬得迅疾，是一错眼就能溜走的货，我斗不过它们，一般让母亲收拾它们，但剪龙虾是我的活，我伸出两根手指捏着龙虾的头，先剪虾头前面的两只大螯上的尖，一剪就不怕它来钳我，接着剪虾头上的黑鳃，再拽着尾巴抽去它的黑筋。当然还得用刷子刷它的头部、尾部，保证清白光亮，一点黑色泥土痕迹都没有，再去河码头上淘洗干净。

虾蟹同煮比单独烧龙虾或者螃蟹的滋味好得太多，烧煮虾蟹是母亲的事儿，母亲从菜园子里摘了尖头的红、绿辣椒，洗净切碎块备用，又切了姜块、蒜头，她把锅烧热，舀上两勺菜籽油，把辣椒、姜末、蒜头倒锅里爆香后，再倒入龙虾和小石蟹翻炒，只听油炸得噼里啪啦响，母亲赶紧往锅里添水，放她自己做的黄豆酱，盖上锅盖焖煮，要不了一会儿，厨房里就散发出喷香的鲜味，勾引得我们这些馋猫馋涎欲滴。

终于龙虾和小石蟹端上桌来，红的红，黄的黄真是好看，母亲先撇起小石蟹给小弟说是他辛苦掏回来的，付出的人总有回报，接着母亲会撇给我，让我也尝尝小石蟹的鲜，到嘴后会发现小石蟹其实没有肉，就吃个鲜味，倒是龙虾头顶部的虾黄香，尾巴上又有实实在在的一块头肉，吃了让人觉得不虚此口。我父亲有时会指着碗里的龙虾和小石蟹开我和小弟的玩笑，说："哎哟，龙虾姐姐和小石蟹弟弟一盘里装，滋味真是好啊！"每每这时，我就要摁住他的筷子不准他吃，全家一片欢声笑语，我们的日子虽然贫穷，但家里总有温馨的气息流淌。

到了晚上，餐盘里只剩下几根虾螯、蟹螯，还有卤汁了，我们就把锅里冷饭装在碗里倒上卤，把那饭搅拌一下再吃，虽是冷饭也鲜香爽口。母亲要是在家没去做工，是不允许我们吃冷饭的，她会把饭用菜籽油炒一下，不是鸡蛋炒饭，那年头的鸡蛋要收起来，拿到街市上去卖钱来贴补家用，就是单纯的油炒饭，热乎乎的油炒饭拌龙虾蟹卤真是世上一绝，滋味好得不得了。许多年后，看到韩国电视剧上常有拌饭一道美食，我想那拌饭的滋味大概不会超过我童年时的龙虾蟹卤拌饭。

母亲的油炸小鱼

我在《小杂鱼》那篇文里写过参子鱼，水乡捕鱼人一网撒下去，收网时各式各样的鱼在网里活蹦乱跳，在鲫鱼、鲤鱼、乌鱼这些个头大营养价值高的鱼类的陪衬下，参子鱼很被捕鱼人嫌弃，参子鱼只有成人的一根手指长，身子细窄还多鳞多刺，捕鱼人有时会顺手把它们又甩到河里去。我母亲看到人家渔网里的参子鱼会讨要回来。她有时去街市上看到人家贱价卖参子鱼，也会高兴地买上许多，卖鱼的人会问："家里的猫多吗？"我母亲会笑着，正经地回答人家："家里猫不多，两只。"不怪卖鱼人如此搭话，在我们村庄上许多人家买参子鱼都是给猫吃的，参子鱼又称为猫食鱼，不过，母亲没养猫，她买参子鱼为的是我们。

母亲收拾参子鱼不像别的鱼用菜刀来刮鳞、剖肚，参子鱼身子窄小又多鳞，大菜刀对于参子鱼来说，好比斧头劈细柳枝儿，大材小用倒是其次，主要是不够顺手。母亲用大拇指指甲盖刮去参子身上的鱼鳞，再用两个手指头捏着鱼肚子挤出内脏，没有工具的辅助，母亲的手就受累了，但她没跟谁抱怨过辛苦，她又把去鳞去内脏的参子鱼下到清水里洗干净，捞出来晾去水汽，备用。

母亲从菜园子里掐上一把小嫩葱，切碎，舀上半碗小麦面粉，往面粉里加冷水、放葱花、倒上一勺菜籽油、撮一些盐花搅拌，调成裹鱼的面糊，调面糊是手艺活，要调得不稠厚不稀薄，有黏性。

母亲把参子鱼一条条扔到面糊碗里去，用筷子给它们在碗里翻个身，使得它们从头到尾裹上一身面糊，就像冬天裹了一层厚棉被的人，锅里倒入足量的油，加到微热时分，撮起裹好面糊的参子鱼轻轻地放油锅里去，油锅里立刻跟放小鞭炮似的噼里啪啦地欢腾起来，放一条小鱼在油锅里，就像放一次微型鞭炮，但这炸鱼的响声没有鞭炮声吓人，是让人觉得快乐的期待。只见一条条白色的小鱼，慢慢沉入油锅底，又慢慢浮上来，浮上油面的小鱼成了淡金色，任那些小鱼在油锅面上恣意漂游一会儿，等到它们身上的金色变得更耀眼些，就可以捞上来了。

喷香的炸鱼香味飘溢得四处都是，厨房外的我们把玩耍的心丢开了，一径奔向炸鱼的锅灶前，碗里已经有几条刷了金的柳叶形状的小鱼，我们迫不及待地伸出手来，母亲急忙劝阻我们："等等，烫嘴呢！"嗅着厨屋里鱼、油、面、葱混合在一起的鲜香气，我们不禁再也不肯忍受，强伸出两根手指捏起一条小鱼，嘬起嘴巴吹气去拂它，吹了三两次后，迫不及待把小鱼放到嘴里去，咬上一口，咔嚓咔嚓，奇异的焦脆鲜香，不一会儿，我们真的跟小猫吃鱼一样，把一条油炸鱼吃的骨头都不剩。真是令人惊奇，这油炸小鱼竟然一根鱼刺都没有，吃在嘴里全是脆香香的鱼肉滋味。

每次母亲炸参子鱼，我除了自己尽兴吃个够，也会带些与我要好的同学分享，他们咯吱咯吱地嚼着油炸小鱼，会众口一词夸我母亲的手巧，赞美我家的油炸小鱼是无上的美味，每每那时，我就觉得我贫穷的母亲不能给我买同学们挎在身上的形状美丽的水壶是可以原谅的，亦觉得窘困的她不能给我买同学们穿在脚上的漂亮的塑料凉鞋，只让我穿她做的布鞋也是可以接受的。

在母亲的油炸小鱼的滋味里，我们渐渐长大，母亲日渐老去，吃食渐丰，不需要也舍不得母亲再费事做油炸小鱼给我们吃，但我偶尔会回想起那滋味卓绝的油炸参子鱼，除了怀念那味道，更深深折服于油炸小鱼映射出的生活真意，即便是捕鱼人不要的小鱼，被充满爱意的母亲运用合适的方式烹煮，也能成为人们口中无上的美味，也能赢得人们的交口称赞。那么做人如做鱼，即便如小小参子鱼也是有希望的，甚而可能得一份美好和圆满。

黑鱼管子

我的家乡是水乡，沟渠纵横，河道蜿蜒，盛产鱼虾之类吃食。我小时候常在河码头上看见各式鱼在河里悠游，常见的有虎头鲨、昂刺鱼、参子鱼、草鱼、长鱼、黑鱼……据乡人口传，其中长鱼、黑鱼的营养价值高，吃了尤为滋补身体。小水浅滩的沟渠里时有长鱼出没，黑鱼却极其少见，黑鱼多生活在宽阔河道里。

一个晌午，端了淘米箩去河码头上淘米煮饭，一眼看见波光粼粼的水面下，一条一尺多长的黑鱼在激流中迅速前进，它后面跟着一趟乌泱泱的黑鱼乌子，这条大黑鱼简直像带着士兵们急行的骁勇善战的将军。我们村庄上的人称黑鱼为"黑鱼管子"，其实，黑鱼的名字多得不可胜数，它们又被称为乌鳢、乌鱼、生鱼、财鱼、蛇鱼、火头鱼、黑鳢头等。我还是喜欢黑鱼管子的叫法，一条大黑鱼，它身体的前部呈圆筒形，后部稍稍侧扁，的确形似一根粗粗的水管子，黑鱼乌子则是形如青蛙的幼体——小蝌蚪样的可爱生物。

乡人抓黑鱼不像捕其他的鱼，用笼子或者渔网，他们抓黑鱼用的是渔叉，长竹竿做柄的渔叉顶头上绑着圆头梳子状的铁器，铁器上是五六根尖锐的铁针。善捕的人火烧火燎地从屋里取来鱼叉，那乌墨墨的一队"急行军"已行进到下一个码头了，叉黑鱼的人在后面追赶着，像放风筝的人在追赶一只高飞的风筝，亦步亦趋，寻找着最恰当的时机把鱼叉投掷到黑鱼身上去，确保"一叉中的"。要是万一叉不准，黑鱼就躲到水底去，再也寻找不着，水中只剩下一群凌乱的小黑鱼乌子。

捉回来的黑鱼，有时舍不得吃，拎到市场上高价售卖，换得钱票买了油盐酱醋。留下来吃的黑鱼，一准用来熬汤喝。《食宪鸿秘》对黑鱼的做法，只有简单的几个字，黑鱼，泡透，肉丝同炒。我在的村庄上基本不这样吃，村庄上的主妇们都是把黑鱼剖杀了，洗干净，切段备用，大铁锅烧热倒豆油，等豆油被灶下的火烧得吱吱地叫，放入姜丝、葱段爆香，黑鱼段下锅烩上数铲，添适量冷水，大火焖熬，等到锅沸开，揭开锅来一看，那鱼汤浓白如牛乳。连鱼带汤舀上大大的一海碗撒了胡椒粉，稍稍搅拌，喝上一口，微辣里透着鲜浓的香，简直是人间至味。

我小时候，黑鱼管子只能家常吃，是上不了红白喜丧事的宴席的。我有时内心里暗自揣测，大概是黑鱼管子身上长了奇形怪状的黑色斑纹，就像农村里的粗莽汉子，不体面，不大遭人待见。后来，随着宴席上菜肴的丰盛，新添了一道酸菜生鱼片。这道菜让我这小孩子感到好不蹊跷，盘子里光有鱼肉，没有鱼头、鱼尾巴。一片又一片薄薄的鱼肉像纯粹的猪肉片没有鱼刺，但又比猪肉鲜辣爽口。听做过乡村厨子的我母亲讲，这鱼肉叫生鱼片，是用黑鱼片出来的，用极巧妙的刀法把肥厚鱼肉从黑鱼身上片下来，用盐、味精、料酒、蛋清、生粉把鱼肉片腌制入味，再加酸菜，放大量的作料，葱段、姜片、蒜、干辣椒、花椒之类炖成酸菜生鱼片。酸菜生鱼片端上桌是金黄莹白的一盘，不论是黄灿灿的酸菜，还是白嫩如豆腐的鱼片都深得大人们喜欢。我是个挑嘴的小孩，跟着大人去做"锅铲子"（方言，小孩吃席的代称），我妈往我碗里搛了不少黑鱼片，我却不大爱吃，我还是喜欢黑鱼熬汤来喝，从小到大，我一直喜欢黑鱼汤。

前两年，我做手术，我母亲来看我，她的三轮车里放一个大塑料桶，桶里是十斤黑鱼管子，我母亲拎到楼上来，说都野生的，在街市上寻了几天才寻着。野生的黑鱼管子劲儿大，在桶子里蹦来跳去，有的竟然能从二尺多高的桶里蹦到地上去。

　　那阵子，婆婆每天给我熬黑鱼汤喝，在人群中一直偏瘦的我，在黑鱼汤日复一日的滋养下，体重竟然飙升了十多斤，黑鱼管子可算成全了我的发胖梦。

河蚌藏爱

一位罕发朋友圈的文友，陡然更新了一条动态，立刻吸引了我的目光，文字是："八十多岁的老父亲给我送来了半篮子河蚌。"配着一张竹篮河蚌的照片，一只只河蚌乖巧地卧在竹篮里，身上湿漉漉的，还闪着河水的光泽，没有多嘴多舌地去问文友，是不是她老父亲自己捞的河蚌？只是想起了我去世的父亲，年轻时候的他常去河里捞河蚌给我们改善伙食。

家乡多沟渠、河道。每到夏日，沟河向人们馈赠各式水生吃食：鱼、虾、螺、蚬、蚌……不但有专靠捕捞鱼虾过生活的大人，就是我们小孩子也常常去沟渠里捡螺摸鱼回来做餐食。我们唯捡拾不了河蚌，蚌不生在浅水浅滩的沟渠里，它们的家在宽阔的河道里，大人们早嘱咐过我们："小孩子不能去河里耍，河溜大起来要淹死人的。"

我们能吃到的河蚌都是父亲捞来的。父亲会水，在夏日的傍晚，他干完了田里的农活，把裤脚卷到大腿根部，拎着大木桶，从河码头那下到水里去，他一只手扶着漂在水面上的木桶，另一手撑开，保持身体的平衡，沿着河堤小心翼翼地走着，慢慢地河水没过了他的膝盖，涨到他大腿部位，他停住了，他的脚踩着了什么，他弯腰把手伸到水里去，掰出一只比手掌还大的河蚌来。岸上的我们欢天喜地地看着他把河蚌扔在木桶里。有时候河堤光滑陡峭，父亲根本站立不住，他一滑就滑到河中心去了，身上的衣裤全部湿透了，变成了一只"水鸡子"，父亲从河中又游回河堤处接着踩河蚌，等到大木桶里装上大半桶的河蚌，他才会上岸。

看着桶里的河蚌，一个叠一个地仰躺在木桶里，我们说不出来的

河蚌藏爱

欢喜，课本上的"剖蚌求珠"的词不由分说冒上心头，总觉得也许会有一颗璀璨夺目的珍珠藏在哪只河蚌里，迫不及待地想把这些蚌劈开来，去找珍珠。劈蚌的活我们力气小干不了，通常是母亲持斧头从蚌嘴处劈开，露出象牙黄色粉嫩嫩的蚌肉，母亲又把蚌肉里的黑色鳃肠扒掉，用河蚌肉烧汤给我们吃。

河蚌肉的滋味，郁达夫在《饮食男女在福州》里写西施舌时这样揣测："《闽小记》里所说西施舌，不知道是否指蚌肉而言，色白而腴，味脆且鲜，以鸡汤煮得适宜，长圆的蚌肉，实在是色香味俱佳的神品。"梁实秋考证西施舌不是蚌肉，但郁达夫自己拿蚌肉来揣测名菜"西施舌"，可见蚌肉的鲜美。

我母亲常烧河蚌豆腐汤给我们吃，用豆油熬煮蚌肉至锅沸，之后敲入一块豆腐，同煮，煮出来的汤跟牛奶一样浓白，蚌肉丰腴滑嫩得比丝绸还胜几分，有时从嘴里一滑而过就下到肚里去了，当然你也可以用千金小姐的姿态小口慢嚼，河蚌肉是滑嫩又有嚼劲的，真是奇怪又美妙的组合。

有时母亲没有空去买豆腐，她就地取材，从菜园子里割一把韭菜配着河蚌肉熬汤，我觉得韭菜河蚌汤比河蚌豆腐汤少了一份滋味。父亲却不觉得，他是不论母亲煮食什么样的河蚌汤都喜滋滋地喝，还满脸绽笑地夸说："比肉汤好吃，猪肉汤油，河蚌汤不油还鲜，鲜得不得了。"那会儿，家里穷，平时难得熬上一份猪肉汤来喝，但父亲还是觉得河蚌汤比猪肉汤好吃，可见父亲爱这河蚌汤。

成年后，去家乡小饭店吃饭，发现聪明的厨师把家乡的河蚌肉配着咸肉、鲜竹笋熬煮成汤来吃，蚌肉、咸肉、竹笋都鲜嫩腴美，汤也鲜咸可口。如若带着父亲来吃，他不知道夸成什么样子？可是到哪里去寻他的身影，他一去好些年了。

鳝鱼的给予

我的家乡是水乡，多鱼米。沟渠、河道里鱼的种类极多，其中鳝鱼为乡人口中价之最高者，最有营养价值者。乡人中有以捕鳝为生的人，我外公便是其一。

那会儿我还小，大舅舅、小舅舅娶了媳妇后与外公外婆分了家，舅舅们维持生活已勉勉强强，没有余钱赡养两位老人。外公外婆已过花甲之年，倒也不跟几个儿女争多撩少。外公种莲藕，也捕鱼捞虾养活他和外婆，他尤其擅长捕鳝鱼。外公家院子的天井里，一排鳝鱼笼靠南墙站立着，像一队排列整齐的卫兵，鳝鱼笼用竹篾制成，形如"7"字，也像树的丫杈，因此，水乡人又称鳝鱼笼为"丫子"，这一队"卫兵"就是外公吃饭的家伙。每日傍晚，外公去河边潮湿的地上挖了蚯蚓，装在鳝鱼笼子里，再撑着小木船把鳝鱼笼子一只只分批放进沟渠里、池塘边、河堤旁，翌日凌晨四五点左右再撑了小木船去收"丫子"。

堂屋条几的下面立着几口大瓦缸，瓦缸赭黄颜色，釉着一条张牙舞爪的黄龙，缸敞着大口，看上去很威武。外公把"丫子"里的鳝鱼按个头大小，分门别类地放进瓦缸里，一等鳝鱼一等价钱，专等收鳝鱼的人上门来收。我们放暑假来小住的时候，外公就不肯再卖鳝鱼，他把鳝鱼留着给我们吃。

鳝鱼长得像一条长长的粗绳，形似蛇，吾乡又称为"长鱼"。汪曾祺先生写的"炝虎尾"就是用长鱼的尾巴做成的菜，那菜是饭店的招牌菜，寻常人家怕是做不来。《随园食单》上有"鳝丝羹"一道：鳝鱼煮半熟，划丝去骨，加酒、秋油煨之，微用芡粉，用金针菜、冬瓜、长葱为羹。这在我小时候也没吃过。

外婆给我们常做的菜有炒鳝鱼丝，大烧鳝鱼段汤。外婆捉了个大的长鱼，用剪刀剖鱼肚，去掉里面的肠子、鱼血等之类的杂碎东西，把鳝鱼剪成段，留着烧鳝鱼汤。小个的鳝鱼则下滚水锅里汆，汆好后捞出来，摆在砧板上用银粽针划出丝条儿来，就是鳝鱼丝了。

外婆用碧绿的青椒爆炒鳝鱼丝，炒出来的鳝鱼丝软嫩香滑，青辣椒丝也喷香有味。又熬了香浓的鳝鱼汤，那汤白如牛奶，却又另有一种鲜香味道，外婆把鳝鱼段，一段一段地拨到我们的饭碗里，又不时催促我们多喝鳝鱼汤补充营养，她和外公倒不大伸筷子，有时候，我们懂事起来，劝说："外公、外婆，你们也吃啊！"两位老人就纷纷说："平时我们天天吃，哪像你们高田（意思是水少、鱼少的地）上的人没得鱼吃，你们多吃！"

我们在的日子，有收鳝鱼的人上门来，外婆就笑着回拒人家："外孙外孙女在这儿呢，长鱼这几天就不卖了，对不住您呢，过段日子您再来！"

等我们在外婆家住够了一段时日，开始想家，外公外婆就把他们捕获的大小长鱼装进一个网袋里让我们带回家也给父母亲解解馋，补充营养。

因小弟幼时的一场大病，我家经济一直陷于窘困之中，外公外婆的鳝鱼对全家人来说确是雪中送炭，我母亲不舍得浪费一丝一毫，心灵手巧的她变着花样给我们做鳝鱼吃食，割了菜园子里新鲜的韭菜或者摘了青翠的菜椒爆炒鳝鱼丝；又用韭菜、鸡蛋、鳝鱼丝熬出一锅鲜汤来给全家人喝。连鳝鱼骨我母亲也舍不得丢，到下午时分，我母亲就把鳝鱼骨放在清水里洗去浮尘，下到锅里熬汤，鳝鱼骨熬出来的汤洁白如牛乳，散出扑鼻的鱼香味，我母亲要么在鳝鱼骨汤里下面条，要么下面疙瘩，锅沸的当口撒一点精盐，一点儿的味精都不需放，因为已经够鲜。等装碗的时候，撒上切好的青蒜末。从田地里喊回父亲，叫出西厢房里的老祖父一家人吃"节晌"，那辰光真是幸福得冒泡。

等我读到林清玄的《鳝鱼骨的滋味》，他写他妈妈从人家摊贩上要回一大堆鳝鱼骨，回家来熬汤给他们一大群孩子喝，让孩子们喝鳝鱼骨汤，配面包片来吃增强营养。我陡然想起，我母亲也这么办过，外公家的鳝鱼一年我们也就能吃少许的几次，但街市上卖鳝鱼丝的人多，我母亲有个儿时玩伴也在街市上专卖鳝鱼丝，我母亲拜托她给留鳝鱼骨，大概出于爱面子，母亲对她的儿时玩伴说："姐姐，你把鳝鱼骨留给我啊，我家养了一群鸭子，吃了鳝鱼骨好生鸭蛋呢！"母亲把鳝鱼骨取回来后，冲洗干净，用鱼骨熬出汤来下面条、下面疙瘩，给全家人吃。然后再把鳝鱼骨锤碎了给家里的鸭子吃，吃了鳝鱼骨的鸭子总是很勤快地生出大个头的鸭蛋来。

在我的家乡没有一种鱼像鳝鱼从肉到骨，从头到尾都是有益于人们的，鳝鱼的给予又仿佛那些亲人们毫无保留的爱。

有关毛鱼的记忆

翻看《随园食单》，里面有“水族无鳞单”一章，无鳞的鱼，第一个介绍的就是鳗鱼，《随园食单》的作者袁枚先后讲了鳗鱼的三种吃法，有汤鳗、红煨鳗、炸鳗。但在我记忆中的村庄上，远近里只有红烧鳗鱼一种做法，鳗鱼也不叫鳗鱼，大家都称为“毛鱼”。毛鱼也不是家里寻常做的菜，非得要出人情赴宴席“坐桌子”才能吃上这道菜。

那时候，年幼的我们跟随父母去“坐桌子”，只要稍微留心一点，就会发现家境稍富裕的人家的宴席桌子上，一般会摆出三道鱼类大菜——毛甲长，即毛鱼、甲鱼、长鱼三种。甲鱼、长鱼是烩成汤菜上桌，唯有毛鱼红烧，毛鱼的红烧跟鲫鱼的红烧又是两样，鲫鱼是整条鱼酱煮红烧，装盘的时候汤卤足量，端上来的鲫鱼身子骨都浸没在汤卤里，偶露出首尾来。毛鱼是切段红烧，盘子里有极少量黏稠的卤汁。这做法大概就是袁枚写的：“鳗鱼用酒、水煨烂，加甜酱代秋油，入锅收汤煨干，加茴香、大料起锅。有三病宜戒者：一皮有皱纹，皮便不酥；一肉散碗中，箸夹不起，一早下盐豉，入口不化……大抵红煨者以干为贵，使卤味收入鳗肉中。”

我怀疑村庄上的厨子也是研习过《随园食单》的，要不然我吃过那么多次的宴席，每家宴席上的甜酱毛鱼端上桌来，都搛得上筷子，搛在嘴里就仿佛夏天吃葡萄样滑溜，又比吃葡萄来得过瘾，只因那毛鱼肉油香细腻、丰腴滑嫩、入口即化。坐桌子的人都爱吃这红烧毛鱼，但一个盘子里也就十几段毛鱼，于是中年人紧着谦让给老人、小孩子吃，不消一会儿，一盘毛鱼就一扫而空。我们去吃宴席的小孩子也是懂事的，心里知道能上宴席的鱼是金贵的，也绝不跟大人纠缠吵闹着要多吃。

宴席上的另两种鱼——甲鱼、长鱼，我善捕的外公能常常用渔网、竹篓捕鱼器捕了给我们送来。母亲也就巧妇有"米"能在锅灶上做出跟宴席上一样的甲鱼、长鱼菜肴来，唯有毛鱼，外公一次也没有捕获过，这也让小小的我知道了我们这里纵然沟渠纵横，却不是毛鱼生长的地，难怪它们最金贵。

有一年的暑假，我们去外公在的另一个村庄度假了，这期间我家所在的村子一连数天遭暴雨，沟渠河道都涨满了水，父亲常常去看自家的秧田，他在秧田旁的沟渠里竟然捉到了一条毛鱼。我和小弟一从外公家回家，一家人就争相告诉我们，父亲捉到了一条大毛鱼，比我们"坐桌子"吃过的任何毛鱼都要粗，都要大，都要嫩。我们急忙问："毛鱼在哪儿？"他们说烧吃掉了。本来想留着等我和小弟回来一起吃，但也不知道我们什么时候回来，怕养死，就吃了。听到这里我不由得咽了咽口水，既感叹自己没口福又为父母亲高兴。心里也暗暗揣测这条毛鱼是哪儿来的？

大概是雨水暴涨，河流决堤，毛鱼们四处流窜，它们中的偶然一条游进了我们这片水域，成了一个贫窘之家的意外所得，那条毛鱼是那场泛滥的暴雨的唯一恩赐。

直到如今岁月，每逢滂沱暴雨，那条毛鱼就泛起在我们的记忆之海上，也让我们一家常常感慨，如今终于过到想吃毛鱼就吃毛鱼的日子，要是父亲还在，这日子就不知道怎样的好！

蚬河里的蚬子

离我家不远处有一条大河，村庄上的人都称那河为"南大河"。此河东西走向，河道宽阔，浪急溜大，可容三四条机帆船并排通行。平日里，母亲绝不允许我们小孩子单独去南大河附近玩耍，大概是怕我们落水。直到我长到自己会骑车，才有了看南大河的机会。那日，我骑车去外婆家，行至南大河，我呼哧呼哧地蹬着脚踏板登上了南大河上的那座高跨拱桥，只见大桥的白色石砌栏杆上写着三个大字："蚬河桥"，原来，这条宽阔、又深不见底的大河叫蚬河。既然以蚬来命名这条河流，那么这河里的蚬子必然是多的，也许街市上那一大筐一大筐的蚬子都来自这条河。

我对蚬河肃然起敬起来，连带着敬畏河里看不见影儿的蚬子，蚬子们大概都藏在蚬河的怀抱深处吧。蚬河里的蚬子非得专业的捕捞工具才捕捞得上来。

街市上的蚬子和田螺是寻常的，都是成桶成筐地放在市场上等人们购买，这两种水里生物的价格也相差无几，这就显出蚬子的厚道来，田螺毕竟小沟小渠里也生长，连一个十岁孩子都能摸得一篮子的田螺，而在沟渠里，甚至小河里是不容易找到一两只蚬子的，但蚬子的售价却如此便宜，味道又鲜美胜于田螺，蚬子实在是大自然恩赐的显像和靠捕捞业生活的人的良心的体现，即便家境最窘困的人家也能买上三两斤吃得痛痛快快，也能在吃蚬子里体会到日子的快慰来。

我家小弟曾在婴儿时期患上重病，父母亲为了救治他，欠下一堆外债，因此家境一直窘困，母亲常常舍不得买猪肉给一家人吃，但蚬子，她是常买的。在不忙时，母亲就买带壳的蚬子，回来烧了热水，

蚬河里的蚬子

把蚬子下热水里汆熟，取出蚬子肉，用自家菜园里长的嫩青韭或者青椒爆炒，那蚬子肉鲜嫩腴美，韭菜或者青椒又多了一层清香滋味。

要是逢到农忙时节，母亲忙不过来，就买稍贵一点的蚬子肉回来炒食，慰劳一家人。

等全家人吃厌了蚬子炒韭菜、蚬子炒青椒，母亲又自创出一个蚬子吃食——蚬子韭菜羹，她把蚬子一只只上手收拾干净，把韭菜切成细小的碎段。铁锅里倒豆油，放蚬子肉，添水用大火熬煮，锅透后放韭菜碎段，使淀粉汁勾芡，用小火烹煮至熟，撒少许精盐，无须放味精，把蚬子韭菜羹装在白瓷盘子里端上桌来，碧波荡漾的一盘，颜色先就让你舍不得挪开眼，好像在看一湖荷般心情愉悦，再舀上一勺子，本来蚬子肉就丰嫩鲜腴，再遇上韭菜的异香，两者被淀粉一融合，真是让人鲜得舌头都找不到了。这韭菜蚬子羹又比宴席上的羹菜制作起来方便得多，自从乡邻们吃过我妈的蚬子韭菜羹之后，她乡村厨子的名号就更响了。

我有时吃着蚬子也担心，蚬子会不会被我们全部吃完？但一想到那么长而阔的一条蚬河，心里就安安稳稳的了。

小米虾里的光阴

在村庄上长大的我们，童年时候犹喜夏天，有一个悠长的暑假，暑假里可以摘梨吃瓜，亦可以捞鱼摸虾，乐趣多多。每日，被母亲派去河码头上淘米、洗菜之际，就是我们的快乐之旅开启之时。竹篾编制的菜篮子，是我们兜鱼揽虾的工具，把篮子埋水里，等到鱼虾游入篮子上方，迅疾兜起篮子出水，少不了会捉得几许小鱼，几只小虾。鱼是小杂鱼：虎头鲨、昂刺鱼、参子鱼之类，虾都是些小米虾，小孩子的小指头那么大，不起眼的青灰色，跟河水一个色，不注意看简直找不到它们。小杂鱼交给母亲处置去，或蒸或炖了吃，只有小米虾因其少而小是我们小孩子真正的乐物。

站在河码头上的我们把捉得的小米虾捏在手里，像剥花生一样，三下五除二地剥去小米虾的外壳，把小米虾肉扔进嘴里，那生的虾肉吃在嘴里是水甜腥滞的，比一般植物的果子梨、葡萄多了丝腥气，可是我们小孩子就是觉得好吃。也有时候捉了几只小米虾，却不高兴吃它们，学着文化人的风雅，把它们装在白瓷盘里，又从码头上拽了一截水草，摸了三两颗白色的鹅卵石放盘子里与它们作伴，时不时去看小米虾在瓷盘里一簇一簇地跳动，就觉得是图画课本上的虾趣图。

其时，村庄上人家的餐饭桌上也有虾，不过是龙虾，小米虾是上不了桌的。大概一来从河里捉一盘子的小米虾，对村人来说也是不容易的，再者村庄上的人向来讲究实惠，吃饭要大碗、装汤用海碗，吃虾肉自然也要龙虾肉那样实实在在的一大块子肉。

后来，村庄上人的日子过得好起来了，家家户户屋里装了自来水，淘米、洗菜不出屋就做得了，河码头荒废良久，再也没有孩童去码头上捉鱼、捉小米虾。倒是村庄上人口袋中有了结余，喜去街市上的小饭馆里吃饭，在饭馆里捧了菜单点下酒菜，老板极力推荐的菜肴中有小米虾一道，说小米虾连壳带肉营养丰富，特别补钙，下酒也极好。

我母亲也常去市场上买些小米虾回来，淘洗干净，去菜园子里摘团青辣椒，切成丝条儿，使大火热油爆炒青椒虾米，装在粗白瓷盘里，青翠配虾红，红的娇红，绿的碧绿，颜色就极其养眼，再搛在筷子上吃一口，鲜脆咸香，实在让人爱不释口，与油多味厚的龙虾相比又是另一种清爽口味。

母亲又学着饭馆里的厨师，抓点她腌的金黄灿烂的小咸菜去煮小米虾，切一点小葱放进去同煮，煮出来的咸菜小米虾更鲜，鲜得人舌头都要吞掉了，这道菜妙在佐粥、吃饭、喝酒都是无上的妙品，现在这道菜还为人家办宴席时的一道冷盘常用菜。

先生的表哥一直客居他城，有十多年没有回来，陡然带着他家出生数个月的孩子回来探亲，把我的婆婆——他的姑母喜欢得简直不知道要做什么菜给他吃才好，公公提议干脆一家子去饭店，想吃什么就让做什么！公公点的第一个菜就是小米虾——水氽小米虾，原汁原味的小米虾端上桌来，表哥搛了几只小米虾吃了连连夸好，他忆起小时与先生一起捞鱼捕虾的往事，一家子人感慨似水流过的光阴，婆婆略有些惆怅地说："一转眼你们都大了，我们都老了，这都很多年没见到了……"为了驱赶婆婆的惆怅情绪，先生连忙搛了一只小虾米在婆婆的碗碟里："就它一直没长大！"全家人都乐呵呵地笑起来，仿佛回到了多年前，表哥来这里过暑假，一家人一起吃饭的光景里。

家的食单

两块鱼鳃肉

汪曾祺写昂刺鱼肉极细嫩，鳃边的两块蒜瓣肉有大拇指大，堪称至味。汪老真是我吃鱼的同道中人。我小时候，父母亲干过卖鱼的营生，一旦鱼去市场上卖不完，又要起水（方言，指鱼快要死了），我母亲就在家里煮鱼咸熬鱼汤。

鱼端上桌来，母亲招呼我们吃鱼，我一筷子伸向鱼肚子，但在母亲眼里不论是鲫鱼、鲢鱼还是乌鱼，最好的鱼肉不在鱼肚子上，也不在鱼脊背上，而在鱼鳃边，母亲说鱼鳃边的肉是"活肉"。听母亲这么一说，我就精明地把筷子挪到鱼鳃边，"一筷中的"地拨出鱼鳃边的肉，撺到自己嘴里，鱼鳃肉确如汪曾祺和我母亲所说细腻滑嫩，是无上的美味。我揣测大概是因为鱼是靠鳃呼吸的，鳃的运动造成了这拇指大小的鱼鳃肉的滋味卓绝。

我养成了爱吃鱼鳃肉的习惯，跟同事们、朋友们出去吃饭馆，我总是号称自己是鱼鳃肉的嗜食者，嫁到婆家后，我大概也说过吃鱼最爱吃鱼鳃肉。

那天，下班时，我刚出单位门口就被车撞了，倒在地上起不来，去医院看了骨伤科，大腿骨骨裂，医生说无须动手术，先躺床上一动不动地静养，观察恢复情况。

我开始接受婆婆的照顾，每日清早，婆婆左手端了温水，右手拿了挤好牙膏的牙刷递我手里，她又赶忙转身去拿塑料盆，用来接我吐出来的漱口水。中午，她在我床上架上小桌子，把煮好的餐饭端到桌上来，婆婆说："这几日先吃骨头汤，伤骨头了，要补，你喜欢吃鱼，过两天买。"我想着躺在床上的人吃鱼，多费事，就向婆婆提议等我腿好点能上桌吃饭了，再吃鱼。

日子在我的悲伤、焦急中慢慢过去，经过漫长的一个多月后，我终于能拄着拐杖去客厅里吃饭了。

那天，婆婆果然烧了一大盘奶白的黑鱼汤，炒了我爱吃的鱼香肉丝、番茄鸡蛋，老公、孩子各自在自己的单位、学校吃饭，我、公公、婆婆，我们仨一起吃饭，公婆一个劲儿催我多喝鱼汤。我一口一口地喝着鱼汤，听着他俩闲话家常，婆婆突然把黑鱼鳃上的一块肉拨出来，放到酱油小碟子里对我说："小霞，你喜欢吃这鱼鳃肉，来吃！"

没料到，婆婆记住了我从前说过的爱吃鱼鳃肉的话，我赶紧把那块鱼肉攃到自己的碗里，心里泛起阵阵温暖的涟漪，不管生活以怎样狰狞的面目待我，婆婆对我真如自己的母亲般，她照顾我三十多天，没有露出过一丝不耐烦，没有给我甩过一次脸色……

又吃了一会儿饭，公公从鱼汤碗里翻出另一块鱼鳃肉，对我说："小霞，这鱼鳃肉你赶紧吃，刚刚那块被奶奶（我们这里按照孩子的称呼来的）攃去了！"

我笑起来，公公一直在讲亲戚家的故事，根本没注意到婆婆夹的那块鱼鳃肉也是我吃了的，我一个人吃了唯一一条黑鱼的两块鱼鳃肉。

对于我来说，日子的辛苦在于伤害、伤痛猝不及防地来到，日子的幸福在于公婆送来一块鱼鳃肉后，又送来另一块鱼鳃肉，而这两块鱼鳃肉的滋味鲜嫩腴美一如小时候。

一碗鲫鱼浓汤

我小时候，父母亲做过一阵鱼生意。只记得那时，每日天才麻麻亮，父亲就挑着装鱼的水桶担子，他的鱼桶里多装些鲫鱼，偶尔也有黑鱼之类，母亲拿着有等盘的杆秤、竹篮子，他们一起去市场上卖鱼。要问起父母亲生意的成交量的话，一准是鲫鱼为王，买鲫鱼的人最多，家乡人称鲫鱼为草鱼。草鱼可烧咸可熬汤，实在好处多多。

临到了市，父亲的鱼桶里时会剩下些鲫鱼，一般情况下剩鱼都是些小鲫鱼，一准是买鱼的人拣剩下的。卖鱼人、买鱼人的挑起又扔下，使小鲫鱼们过着出水又入水的动荡不安的"鱼生"，因此它们都显得无精打采，要死不活，再养下去也是"废柴"。母亲有时就把这些小鲫鱼用辣子酱煮了做成红烧鱼给我们吃，有时又把这些小鲫鱼腌成鱼干子。

偶尔一日卖剩的鱼里落下一两条比筷子长的大鲫鱼，母亲会把那鲫鱼刮鳞、掏鳃、剖肚，清洗干净后熬鱼汤来喝，在我那是分外欢喜。我喜欢鱼汤的浓白鲜美。我见过母亲熬鱼汤：铁锅烧热倒油，油一准用豆油，菜籽油不取，大鲫鱼下锅里稍稍煎炸，放葱根段、姜片，添水，中火煮炖，等到锅开，揭开锅盖，一锅鱼汤浓白如现挤的牛奶，若是就想要一碗纯鲫鱼汤，那可以立刻把鱼汤装海碗里了，盛好后撒上胡椒粉，稍稍搅拌，喝上一口鲜香浓郁。万一有兴致可以敲一块豆腐入汤锅，那锅里就变得丰富起来。不过，鲫鱼汤有它的特性，第一顿鲜美异常，剩下的第二顿再吃，就腥得不得了。这大概也是向来贪求实惠的乡人多煮鲫鱼咸，少熬鲫鱼汤的原因之一。

一碗鲫鱼浓汤

我母亲是因剩鱼多而做菜熬汤。乡人要是特地选买鱼桶里活蹦乱跳的尺把长的鲫鱼，说要回家去熬汤，那多半家里有要紧人要紧事，要么是有人生病需要将养，一碗鲜浓的鲫鱼汤确实会给病中人添三分真气，五分精神；要么是有媳妇儿生了孩子，还在床上坐月子，那会做婆婆的女人，熬了一碗鲜白香浓的鲫鱼汤撒上胡椒粉，端到媳妇的面前，做媳妇的女人总有些不好意思喝这碗单单给她做的鱼汤，婆婆就劝道："你吃了，我孙子才有得吃！"媳妇儿就在半羞赧半坦然中喝下这碗平日少见的鲫鱼汤。

我成年之后，家家户户经济宽裕起来，鲫鱼汤不再像小时候那样金贵，是寻常人家餐桌上的普通汤菜。不过在我，大概是小时吃鲫鱼咸过多，喝鱼汤的日子又难得一次，我对鲫鱼汤的喜爱超过红烧鲫鱼，我婆婆知道了我的喜好，每每得闲就煮一碗鲫鱼汤端上桌。婆婆是比我母亲更细致讲究的人，她装鲫鱼汤的时候分盘来装，先捞起那条大鲫鱼盛在一空盘子里，鱼汤用另一只红花白瓷的海碗单独盛着，又倒酱油、小磨香油做调料，让一家人剔了鱼肉蘸着酱油香油吃，我喝着一点刺儿没有的鱼汤，吃着咸淡鲜香的鱼肉，感觉那真是无上的美味。

后来，有一阵子我去省会城市检查身体，每日都有零零碎碎的检查项目，检查时间大概需要一周之久，我就在医院旁租了一间民房，那房子里有一个小小的厨房，可以让租客自己开火做饭来吃，想着医生让我加强营养的话，我第一天就买了一条鲫鱼来熬汤，鱼是市场上的人帮我杀好的，我学着母亲、婆婆的做法一试，等我揭开锅来看，那锅乱七八糟的鱼汤啊，鱼子在锅里散作满天星，汤一点也不像家里两位妈妈烧出来的奶白模样，房东阿姨说鱼子要塞回鱼肚里。等舀了汤来喝，滋味倒也不差。喝着自己做的鲫鱼汤，才更佩服起家里两位母亲做一份家事的细致和功夫。

鱼圆

我的家乡是鱼米之乡，吃食常常在鱼身上打滚。把各式鱼从河道里捞上来清蒸、红烧、熬汤是寻常事。逢年过节或者办红白喜丧事时，都要做鱼圆以示日子的珍贵和隆重。

做鱼圆的鱼一般选用青混，青混就是青鱼，家乡人又昵称"混子"。两三斤重的混子鱼只适合红烧来吃，五斤以上的才适合做鱼圆，因为个大肉厚可以片鱼片。把活蹦乱跳的混子鱼敲晕，刮鳞掏鳃剖肚，清洗干净，顺着鱼背片出鱼肉，那剩下的一副鱼骨架子，搁上葱、姜、蒜、尖头辣椒红烧也是一道上好的菜。

主妇们把片出来的鱼肉用手工刀斩或用绞肉机绞成碎末装盆，盆里放适量的姜葱、料酒、淀粉、盐、味精等作料，抡起膀子搅拌，这搅拌动作，我们这方言里称为"攉"，一个"攉"字，其实不简单，不能东一榔头西一棒子地乱攉，要始终顺着一个方向攉，顺时针方向或者逆时针方向攉，就像开车的人进入单行道中途不得随意改变方向。攉的力道要大，要均匀、流畅，这是鱼圆口感好的关键。等盆里的鱼肉变成黏稠的面糊似的一盆，就可以起锅炸鱼圆了。

炸鱼圆的油要多，炸鱼圆比不得炸肉圆，肉圆是猪肉制成，本身带油，鱼圆里没油，锅里就要添足油。只见母亲把油烧到微热，两只手就开始配合起来炸鱼圆，用一只瓷勺蘸了淀粉水，伸进鱼圆盆子里，舀了小小的一团鱼肉糊在手掌心里，握起手掌，把这团鱼肉糊从大拇指和食指间的虎口里挤出去，挤出来的鱼肉糊就像一只小小的可爱的鹌鹑蛋，把这"鹌鹑蛋"用瓷勺舀进油锅里去，顷刻之间，油锅里就跟放烟花一样，发出吱吱的声音，这鱼圆像小石头沉到油锅底去了，不用担心，过不了一会儿，它又浮上来，这时候鱼圆呈金黄色，胖起来，有如乒乓球大小了。母亲两只手配合，马不停蹄地用勺子往锅里舀鱼圆，鱼圆就一只只在锅里沉下再浮起，挤挤挨挨地挤在油锅面上，像夏季海滨浴场上一群穿着黄色游泳服挤在水面上游泳的小孩，可爱极了。

母亲又忙不迭地把漂浮的鱼圆一只只捞到盘子里，我们已经等不及要吃了，母亲会急呼："烫，烫!"我们伸出两个指头捏着鱼圆，把它架到风口去吹，用牙齿先试试热度，终于可以吃了，轻轻一咬，薄脆的外皮，白嫩的内瓤，鲜香腴嫩，简直让人停不住嘴。我童年时就觉得刚出锅的鱼圆为天下一绝，一旦鱼圆冷却，它就不再是圆溜溜气鼓鼓的模样，鱼圆就变成了干瘪的大枣模样，吃在嘴里，内瓤还不变味，外皮却没有那种薄嫩脆香。

多年以后，我已是大人，在一家酒店吃饭，中途上了一道菜，服务员是连炉灶带油锅端上来的，那油锅里漂着十几只大鱼圆，那鱼圆被厨师做得比鹅蛋还大，服务员给炉灶点上火，保持锅里油半温，那些鱼圆在油锅里就像一群在河水里漂浮嬉戏的鸭子，晃晃荡荡。服务员说，他们家厨师就是店主，这道菜是他自创的，就叫油漂大鱼圆。我真想把厨师叫来，跟他击掌，这就是我童年时候觉得最好吃的鱼圆啊，果然这鱼圆被桌上的人一扫而空。

在我的家乡制作鱼圆除了油炸，还有水汆，把水烧开，把鱼圆糊抓圆往开水里一汆，汆熟后捞上来或清蒸或配菜烧煮来吃。这大概就是袁枚留下的办法，他写："用白鱼、青鱼活者，剖半钉板上，用刀刮下肉，留刺在板上；将肉斩化，用豆粉、猪油拌，将手搅之，放微微盐水，不用清酱，加葱、姜汁作团，成后，放滚水中煮熟撩起，冷水养之，临吃入鸡汤、紫菜滚。"这水汆鱼圆，我不喜，我觉得少了

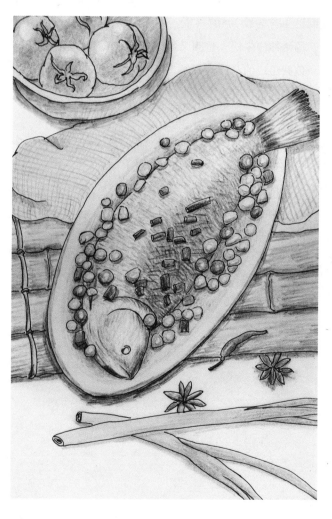

吃鱼的讲究

一层香味。我母亲也极少做水汆鱼圆。

　　不必说，油炸鱼圆是宴席上的一道正菜，通常厨师们配着油炸猪皮（我们这里称为膘）、鹌鹑蛋、方块火腿肠加高汤一起烩，烩鱼圆这道菜，汤浓如白牛奶，鱼圆又嫩如豆腐，入口即化，是儿童、老人的最爱。鱼圆烩成的汤汁也不像鸡汤、鸭汤油腻，鱼圆汤清淡爽口。

　　油炸的鱼圆也可配蔬菜炒来吃，搭配大蒜、青菜、菠菜等家常菜蔬来炒都是极可口的下饭菜。

　　从前，在我的家乡鱼圆还是馈赠亲友的佳品，主妇们把炸好的鱼圆用袋子分装上一二斤，送家里的长辈们，收到的人家总要夸这主妇能干孝顺，人情周到。到如今，网络四通八达，家乡的油炸鱼圆也成了一些没有固定工作的家庭主妇们挣钱的方式，她们在朋友圈、抖音上卖自己做的鱼圆，挣的钱可不逊于一个在办公室里上班的女人。

桌上鱼

我的家乡是水乡，盛产鱼米，大河小沟里可见各式鱼：鳝鱼、鲤鱼、黑鱼、草鱼、虎头鲨、昂刺鱼……真有说不完道不尽的鱼。因此，我小时候，村庄上的人家虽说都不富裕，但是我们的餐桌上倒是不差鱼来吃，只不过素日往常上桌的鱼都是些贱鱼、小鱼，只用寻常的做法来吃它们，或红烧或酱煮或熬汤。

直到孩子生日、老人寿诞、儿女婚嫁的那日，日子郑重起来，东西都拣气派的置办。上餐桌的鱼寓意要好，个头要大。于是当家主妇去菜场买鱼，左选右挑，谨慎得不得了，最终选了鲤鱼，鲤鱼的价格与羞涩的囊袋匹配，亦有"鲤鱼跃龙门"的好寓意，买那长过一根筷子的鲤鱼，拎手里最起码二斤重以上，做法上当然也不能像平日往常往锅里一扔，舀一勺子豆瓣酱红烧了事。这重要的日子绝不能敷衍的，刮鳞、去内脏，鱼面上划花刀，拾掇干净后裹上面粉，下铁锅热油里煎炸，用小火慢慢把鲤鱼煎至两面金黄，蓬松硕大，很像一只削了外皮只露出金蜜色果肉的超级菠萝，有时也浇上甜甜的红色番茄酱，盛在长椭圆形的白瓷盘里端上桌来，那耀眼的金黄让人看了就忍不住想尝上一口，宴席上必有一位大人起头说："来来来，尝尝这油爆鱼。"另一些大人们谦让着："你先来，你先来。"桌旁的小孩子可等不及了，连连扯着大人的衣裳，用手指指着那盘中蜜瓜色的油爆鱼，大人赶紧拿起筷子，从鱼身子上夹下一块来，放在小孩子的碗里，小孩子吃了起来，咯吱咯吱，这鱼肉嘎嘣脆，比炸蚕豆香，比炸豌豆脆，最神奇的是鱼刺消失了。小孩子吃完又要，坐在桌席上的大人们就停住了筷子，都说让给孩子们吃，小时候的我也是馋油爆鱼的孩子之一。

　　渐渐地日子好起来了，办宴席的主妇的口袋鼓胀了起来，菜场上溜达一圈，土腥味儿重的鲤鱼可不能再入她们眼，她们问老板："有好的季花鱼吗？"她们听研究美食的厨子说了，油爆鱼油太多了，不利于人体健康。难得办一个宴席当然要让人们吃得又好又健康，那就买价格昂贵的季花鱼。季花鱼就是鳜鱼，"桃花流水鳜鱼肥"里的"鳜鱼"，明代医药学家李时珍将鳜鱼誉为"水豚"，意指其味鲜美如河豚。另有人将其比成天上的龙肉，这样的菜上桌会众口一词地说好，也会夸置办宴席人家家里有，真舍得。

　　一般说来，上宴席的季花鱼都采用蒸食法，把季花鱼刮鳞、去内脏收拾干净后，鱼面上划花刀，往鱼身上抹上料酒、盐，稍稍晾制后，撒上适量的姜丝上蒸锅蒸，蒸熟后撒上葱花、蒜末，用烧制的热油酱料泼浇后上桌，有些会吃的食客会大呼一声："季花鱼来了，让我找找花。"原来，季花鱼之所以有名"季花"，是在其心脏附近，长有一朵"花"形似月季，这花是全鱼最精华最美味的所在，那找出来的"花"照例是揶献给桌上年岁最大的老人，老人必定要谦让起来："给他们小的吃。"一桌上的人就劝道："您老自己吃，您还愁他们小的没得吃？"是的，桌上成年的人都知道以前过的缺吃少穿的日子，而现在吃宴席都能吃上季花鱼了，又几乎能预见以后将过更好的日子，所以纷纷带着补偿似的心理，劝着那年老吃过苦的老人们把鳜鱼的"季花"吃下。

　　果然的，如人们预料，没消多久，主妇厨房里的家用电器一应俱全了，烹炸、煎煮、蒸烤的厨具应有尽有，蒸季花鱼也成了一道寻常的家常菜，主妇们有了想买就买、人们有了想吃就吃的自由。

吃鱼的讲究

《儒林外史》里有这么有趣的一段描写："南京的风俗：但凡新媳妇进门，三天就要下到厨房去收拾一样菜，发了利市。这菜一定是鱼，取'富贵有余'的意思。当下鲍家买了一尾鱼，烧起锅，请相公娘上锅，王太太不睬，坐着不动。钱麻子的老婆走进房来道：'这使不得。你而今到他家做媳妇，这些规矩是要还他的。'太太忍气吞声，脱了锦缎衣服，系上围裙，走到厨房，把鱼接在手内，拿刀刮了三四刮，拎着尾巴往滚汤锅里一掼……"这里的相公娘——王太太说的是鲍廷玺续娶的后妻，在结婚这天，这奸懒馋滑的妇人，尽管觉得上了媒婆的当——说没婆婆变有婆婆，但还是听了钱麻子老婆的劝，动手煮了鱼。

只是不晓得这王太太煮的是不是鲫鱼？南京离我家乡甚近，年幼时，家乡的风俗也是红白喜丧事的宴席上必上一道菜——红烧鲫鱼。

鲫鱼在我家乡称为草鱼，沟渠、河道里常常可见，小的手指头长，大的一根筷子那么长，此鱼长着小小的头，扁扁的身子，脊背呈灰黑色，腹部银灰色。我父母亲有阵子做鱼生意，他们贩卖的鱼中鲫鱼最多，也最好卖。鲫鱼按个头大小论价钱，大个一等价钱，小个一等价钱，平时买鱼来吃，不讲究鱼的大小个头，只看囊中富裕否？办宴席时用的鲫鱼一准选筷子长的大鱼。

父母亲做鱼生意的那会，我家里的鱼盆装桶盛，但像俗话说的那样："卖油娘子水梳头，杀猪人家吃骨头"，他们总是把活蹦乱跳的鱼挑去集市上卖，奄奄一息的起水鲫鱼才留着自家吃。我看过母亲收拾鲫鱼，刮鳞、剖肚、掏鳃，收拾干净，横切两刀，铁锅烧热倒油，把蒜末、葱根段、姜丝、辣椒等作料放锅里爆香，再把鲫鱼下锅稍稍翻炒，放水漫过鱼身，搁自家做的酱，大火烹煮，锅沸之后搁芫荽，装盘，再往鱼盘上撒上青翠的蒜末。

尽管我家吃的都是些起水鱼，快要死的鱼，但煮出来的鱼肉依然鲜嫩腴美，尤其是鱼肚子上的鱼肉，咸香嫩滑，入口即化。我们的筷子三两下剔完一条鱼鱼肚子上的肉，就把它翻个身，去吃它另一面的肚子，有时还把碗底的鱼翻搅上来吃。每每这时，母亲会呵斥下来："吃个鱼都不晓得挨头至尾地吃，吃了一面再吃另一面，不要乱翻了吃。"小时候只觉得母亲烦人，吃个鱼都无数的讲究和规矩，让人不能尽兴。

大人们做起事来还常常自相矛盾，平日在家吃鱼，我母亲不准我在鱼碗里乱翻搅。临到走亲戚，去吃红白喜丧事的宴席又是另一番光景了。吃宴席有规矩，坐在宴席桌上，不管打头菜看多么丰盛，桌上的人吃得多么肚滚腰圆，鱼不上桌，人是不作兴下桌散场的。宴席吃到后来，常常是一桌人闲聊着等着红烧鲫鱼这道菜，等到鱼盘子摆上桌来，吃是吃不下了，桌上总有那德高望重的老年人会发话："吃不吃不要紧，给他家的鱼翻个身！"这时候，桌上靠近那鱼盘子的人，就拿起筷子把盘子的鱼给翻过身来，桌上的老年人就说："起身，起身了。"紧跟着宴席的最后一道菜——青菜豆腐汤也上了桌，愿意吃饭的留下吃饭，不愿意吃的人就可以下席了。

我小时候总是疑惑，为什么一会儿不准给鱼翻身，一会儿又要给它们翻身呢？这些生活中的种种矛盾之处会让我们小孩子困惑，后来看到张爱玲的文字，我觉得找到了同道中人。张爱玲写她小时候，她家仆佣老余妈，看见有人在餐桌上给鱼翻身就阻止说道："君子不吃翻身鱼。"张爱玲琢磨君子不吃翻身鱼是为了哪番的道理？她思来想去觉得是因为也许留一半给佣人吃才是"君子"。几十年后，长大的她在报纸上看到台湾渔民不吃翻身鱼是因为翻身是翻船的预兆。她觉得大概老余妈不让他们给鱼翻身是怕渔船翻掉。

张爱玲幼时所居的上海，离我家乡近，两乡风俗相近，上海虽有黄浦江，但我们家乡河道较浅，极少出翻船事故，为什么也不准给鱼翻身？

我揣测老余妈、我母亲她们这些不识字妇人的智慧大概来源于古风流传，《晏子春秋》里有格言"食鱼无反，勿乘驽马"一句，晏子去劝他的国君，吃鱼吃一半，不翻吃另一半，就是告诫国君不要耗尽民力国力，否则就会损伤国家的元气。这一段流传下来，就是君子不吃翻身鱼，人们素日平常会教导小孩子不乱翻鱼。

而我们乡村上吃宴席要给鱼翻身，这又是俗话中"咸鱼翻身"之意，这鱼翻身的动作寓意为办宴席的主人家和坐在桌子上吃宴席的人，所有人的日子都有如鱼翻身一般，翻个身，否极泰来，过起锦上添花的日子。

小时候觉得大人们常常自打耳光，以子之矛攻子之盾，成年后却理解了他们，为吃鱼的讲究和规矩而感动，觉得日子就是在这些小细节、大讲究里越过越好的。

一

味

里

情

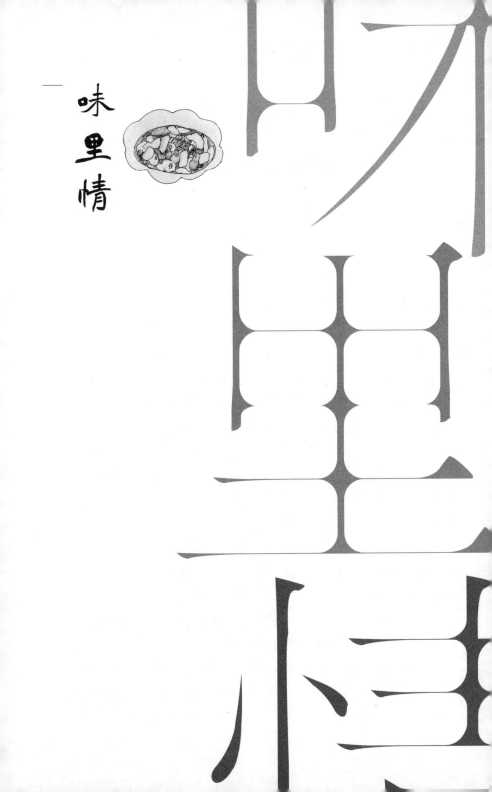

母亲带回的那两把香椿

有一年，母亲去弟弟在的安徽小住了一段时日。她一回家来就给我打了电话，在电话里，她神秘兮兮地说："从安徽给你带了一样好吃的，你赶紧来拿！"

母亲的话语让我的心生了翅膀，我迫不及待地去见她，她解开行囊取出了一个白色塑料袋，又把白色塑料袋子掀开，两把嫩芽露在我面前。母亲乘了近六个小时的车，这两把嫩芽一点也没有蔫头耷脑，还是鲜嫩嫩的模样。它们的颜色很特别，不像母亲种的小青菜，纯粹地绿，也不像菜园子一角的黄芽菜，简单地黄。它们是红绿相混的色，芽叶的红色是枫叶的暗红，茎干的绿倒是碧翠的绿。芽叶椭圆形状有可爱的锯齿，像一片片有着奇异色彩的羽毛。

我不认识这两把嫩芽，问不识字的母亲，她说："我也不知道是什么菜，蓉蓉（我弟媳）给你买的，我在安徽吃过了，香得不得了！"我抓起它们嗅了一嗅，有一股奇异的香味，心里简直有个呼之欲出的名字，这是不是"香椿"啊？

我把母亲给的两把嫩芽叶带回家。到家，曾做了多年农技员的公公一眼看出："这是香椿，我们这里的市场也有得卖，多从外地运来，价格也贵，不是我们这里的家常菜蔬！"

公公说香椿的价格贵，我倒想起来张爱玲的小说《创世纪》，《创世纪》里的紫微长得端凝秀丽又有着丰厚嫁妆，这人物的原型张爱玲在一篇文章里交代了，是她的姨祖母，是晚清重臣李鸿章的小女儿，小说里写紫微时常陪着公公讲戚文靖公的旧事，紫微的父亲戚文靖公便是晚清重臣李鸿章。书上说这戚文靖公最克己，就喜欢吃一样香椿炒蛋，偶尔听到新上市的香椿的价钱，还吓了一跳，叫以后不要买了。后来还是管家的想办法哄他是自己园里种的，方才肯吃。

张爱玲的意思当然是夸她的外曾祖父，贵为一代名臣却节俭有加，我却看到了香椿历年来价格的贵和香椿炒蛋的美味。

还有一次读书，翻到作家张晓风写的《香椿》，她写："我把树芽带回台北，放在冰箱里，不时取出几枝，切碎，和蛋，炒得喷香的放在餐桌上，我的丈夫和孩子争着嚷着炒得太少了……"读得我口齿生津，心心念念地想哪一日也去尝一尝香椿炒蛋？

没料着，与香椿的一场缘分是弟媳给的。弟媳打来了电话，她在电话里问："姐，妈妈到家了吧，我别的也没东西给你，就让妈给你带了些我去市场上买来的香椿、豆皮、酱菜……"她接着在电话里指导我："香椿切碎用来蒸鸡蛋、炒鸡蛋都好吃，也可以拌豆腐……"

她哪里知道我早就在多个作家的书中看到过有关香椿的食单，她的指导当是"温故知新"。我把香椿芽切得碎碎的，大小仿佛豌豆那么大，香椿切得越碎香味越大，真是粉身碎骨地香，整个厨房里都熏染了这香气。我取了母亲给的土鸡蛋，敲破在瓷碗里，把香椿芽的碎末倒进蛋液里去，往蛋液里倒上适量的食用油，又舀上一勺酱油，挑少许精盐均匀地搅拌起来，上微波炉蒸，蒸出来的鸡蛋上了桌，滑滑嫩嫩有特别的异香，瓷盘子不一会儿就舀了个底朝天。

第二日把剩下的香椿接着切碎，放在鸡蛋液里搅拌均匀，开火烧热锅，倒油，油热，倒入鸡蛋香椿蛋液，小火摊煎数分钟，等蛋液呈薄饼形状，用铲把鸡蛋薄饼翻过另一面，文火继续煎上数分钟，使铲子刃把鸡蛋薄饼切成小小的块，装盘上桌后，饭都不吃，就吃这香椿鸡蛋了。

吃着弟媳特地去市场上买来，母亲千里迢迢背回来的香椿，我想着张晓风写的："椿树是父亲，椿树也是母亲，而我是站在树下摘树芽的小孩。那样坦然地摘着，那样心安理得地摘，仿佛做一棵香椿树就该给出这些嫩芽似的……"作家是在说她的父母亲无所求地给她许多的爱，就像椿树年年给嫩芽。我的亲人们没有椿树，也给嫩芽！又是一种怎样的情意？

后来，我也去超市里买过外地运来的香椿，不知道怎么回事，一样的制作步骤，那香椿蒸鸡蛋、香椿拌豆腐总没有弟媳买、母亲带回来的那两把香椿的味道好！

也许不是香椿的味道变了，只是我这个吃香椿人的心境变了，食物只有怀揣千般心意去吃，才会有那份不可名状的好滋味吧！

借着笋的名义

屋后的那片竹子竟然蔚然成林了。母亲是什么时候栽种的？我一丝半缕的记忆都没有，母亲不识字，当然不是为了苏东坡那样的风雅："可使食无肉，不可居无竹。无肉令人瘦，无竹令人俗。人瘦尚可肥，士俗不可医。"母亲种竹子，大概只是为了每年春天我们有竹笋可吃。

几场春雨过后，粉嫩的新笋钻出地面，它们穿着紫褐色的外衣，不消几日，就长离地面一尺多高，母亲使铁锹贴地铲下它们，一次铲下七八支新笋，给我们送来。

待吃的时候，跟剥玉米棒的外皮似的剥去竹笋的外壳，露出象牙一般莹白玉润的肉身来，切成丝，买来精肉丝配笋丝炒，肉丝炒至七八成熟下笋丝一起爆炒。一盘竹笋炒肉丝端上桌来，平日不肯吃饭的女儿，开始大快朵颐，就着新鲜竹笋炒肉丝，她总要吃上满满一碗饭。李渔在《闲情偶寄》里写："此蔬食中第一品也，肥羊嫩豕，何足比肩。但将笋肉齐烹，合盛一簋，人止食笋而遗肉，则肉为鱼而笋为熊掌可知矣。"女儿有时一边吃一边问："还有没有竹笋了？"看女儿略微焦急的模样，我笑着安慰她："外婆家有的是，一片大竹林呢，够你吃的。"其实，吃竹笋靠的是天时，新笋疯长一旦过了时日，就长成了小竹竿子，吃不得！

母亲每年会送上七八次的新笋给我们，她每日清晨都去竹林里晃悠一圈，看破土的笋尖。我家竹林是野长在屋后，路上的行人老远里就看见了这片青翠的竹林，有时，母亲前一日看好的竹笋，第二日再去看，已被人挖走。要在从前，母亲会气得骂将起来，现在的她越老

借着笋的名义

越慈悲了，她转念一想笋还会从地上长起来，她的心就宽慰起来。只是，她去竹林更勤了些，一有鲜笋就挖回来，聚上七八条笋就给我们送来。她自己倒舍不得吃。我有时劝说她："妈，你自己吃，我们想吃市场上有的是，也不贵。"母亲说："那市场上卖的泡药水呢，没有家里的放心……"

有一次，我没吃午饭，趁着中午休息的时间回去看她，一人独居的她就烧了一盆番茄蛋汤算中饭菜，她问我吃饭了没有？我回："还没呢。"她又问："为什么不打电话给妈妈说你会回来吃饭？"我说："平日你总是说吃得好，我特地回来临时检查！"她哈哈大笑，去抽屉里取了几个鸡蛋，又打开冰箱取出一袋竹笋，说这笋经过她特殊处理，新鲜着呢。她临时给我炒了一盆竹笋炒鸡蛋，吃到嘴里鲜美异常，实在不比饭店里的那些名菜差。

我吃到的笋，除了母亲每年会送来，还有就是一位苏南同行寄来的。那一年，我们江苏实施苏南苏北教育大牵手活动，把苏南学校的优秀教师派到我们苏北来，我们学校来的是常州的一位老师，她有个好听的名字——云香，又与我同龄，她来我们学校后，与我同轨（意思是教同一个年级）教书，这一年我们相处和睦，亲如姐妹。她时常从常州带些笋给我，我见识到了常州的各式笋干，她回到自己的学校后，工作忙碌起来，我们渐渐疏于联系了。

等微信兴起，我们在微信上重逢，一日，她突然问我："要不要吃笋？"其实，我家先生吃过云香带来的笋干一直夸好。我也曾想过找她，让她帮我买一些，但我是怕给人添麻烦的性格，每次念头冒起，又被我压了下去。直到云香她主动问起来，这在我求之不得。她立刻寄来了三袋笋干，婆婆把笋干与五花肉红烧，或者炖排骨，我也按云香教的方法做汤，笋干、河蚌、豆腐熬汤，熬出的汤白如牛奶，尝一口真是比鸡汤还鲜美。云香一听我说好吃，更来劲了，说："吃完再给你寄！"我说："不要你破费！"她说："花不了几个钱，都是同事家山上长的，就像你们苏北平原上的人家家家有稻田，我这里的同事家家有山！"

第二年我果然又收到云香寄来的鲜笋，我婆婆按照云香教给的方法，开水汆后放在冰箱保鲜柜里收存，这笋让我们平淡的日子鲜美了好多次。

没有像那些豪富的美食家能吃到全国各地笋做成的吃食，但我觉得有母亲的鲜笋和远方友人的笋干，这笋的滋味就已经足够好！

清明节的吃食

在我的家乡，清明节这日于大人是隆重的，要祭祀祖先，祭拜故去的人，在"少年不知愁滋味"的小孩子的眼里却是吃食丰盛，可大快朵颐的日子。

清明节这天，母亲们赶早起身，她们要去街市上买鱼、肉、豆腐、百叶等回来烧煮烹制，还得做上名为酥大卷和陀螺饼的吃食。

从街市上回来后，我母亲就脚不沾地地忙开了，她要先做出"酥大卷"来。她往淘箩里舀了糯米，去河码头上淘洗干净，在土灶的大铁锅里放适量的水，倒入糯米，搁大豆油、葱花、生姜等家常调味品，灶上添柴火，使大火蒸煮。大概半小时的工夫，锅里咕嘟咕嘟地响，继而吱吱地叫着，像是有什么东西在拼命生长，空气里氤氲着让人馋涎欲滴的糯米香和葱油香味，我们常常好奇地想揭开锅来看，母亲总是大喝一声阻止我们，她说这锅里一旦走了气，这糯米饭就不香了。母亲熄火后，还要利用灶膛里的余烬让大铁锅自闷上好一会儿，这才掀开锅盖，只见糯米粒粒饱满油亮，像透明的水晶颗粒。现在想来，蒸煮糯米饭，简直像怀才，要焖着、焐着，不到一定的时间火候不能摆现出来，否则要差滋味。

此时，母亲会叫过我们，用铲头挑一口在我们嘴里，问："咸淡合口不？"我们嘴里大嚼着，只顾点头。母亲挥着饭铲子把锅里的糯米饭盛进事先准备好的小竹匾里，小竹匾的一边早铺了一层干面粉，她就着小竹匾，用干净的手把那坨糯米饭盘捏成数根长条儿，这动作有些像擀面条，又用刀把糯米长条切成一根根手指头长的小条块，把这些小糯米饭条在竹匾另一边的干面粉堆里打个滚，下油锅煎炸，只炸得通体金黄，装碗，一碗里盛上六只，装两碗，中午摆桌祭祀用，多出的让我们小孩子吃，我们迫不及待地咬一口，外面酥脆内里软糯，油滋滋，香喷喷，咸淡正合适的好滋味。我总是要用干净的纸包上几只酥大卷带到学校去，与伙伴们分享，他们也都说好吃。

我一直在心里计较着"酥大卷"名字的由来，成年后，曾认真翻看《随园食单》，上面没提到这吃食的名字，我揣测是家乡的人们根据制作的程序，糯米饭搓卷成长条，长条切成的条块又要在干面里滚一圈，所以叫卷，酥是它炸得酥脆可口，所以这样称呼吧？

做好了酥大卷，母亲会几个锅一起开动，煮白饭的煮白饭，熬红烧肉的熬肉，红烧肉锅沸后放百叶。红烧鱼是单独烧的，鱼、肉这类我们眼中的大菜烧好后，母亲就开始做陀螺饼，陀螺饼用糯米面制成，糯米面搋好后捏成陀螺大小的饼状，下油锅里煎，也煎成两面金黄，装两碗，中午待用。多下来的也由着我们小孩子尽吃，但吃了酥大卷后，陀螺饼我们是不大瞧得上的。陀螺饼要晚上留到粥锅里煮一煮，跟粥一起吃才会觉得软绵又有糯米的浓香。

母亲做好以上菜肴，还会特地给我们做些专属小菜，这些菜不上祭桌，有韭菜炒田螺肉，凉粉炒小咸菜。菜园子里的韭菜早就长得跟上好的青玉般，却一直舍不得割，留着过清明，头刀韭炒田螺肉，田螺肉正是鲜嫩的好光景，有清明螺赛肥鹅的说法。据村庄上的古老说法，清明这日吃韭菜炒田螺肉一年到头心明眼亮。

到了正午，桌子横摆在堂屋当中，准备好的红烧肉一碗、百叶一碗、红烧鱼一盘、陀螺饼两碗、酥大卷两碗、青菜豆腐汤两碗摆了满满一桌，父亲领着一家人开始郑重祭拜。

祭祀完，桌子又按从前的布局靠东墙摆放，桌上的鱼肉汤食一律回锅再烧煮，待到热气蒸腾后，重新装盘装碗端上桌子，又端上韭菜炒田螺肉、凉粉炒咸菜，满满一大桌，后来条件好了以后，还有肉圆、鱼圆。在年幼的我们心里，古诗上说的"清明时节雨纷纷，路上行人欲断魂"是不能理解的，多么好的日子，山青水明，又有那么多好吃的。

要许多年过后，我父亲去世了，那些陪着我们走过一段长长时光的人再也不回来，那曾在父亲故去的时候，心上撕裂开来的空洞，那消失在日常琐碎生活中的心的空洞，在清明这一天，复又出现了。人们在这一日做许许多多的吃食除却祭祀，也许也是为了填满心头的空吧。

温情立夏蛋

你若问我做小孩子的时候，喜欢过"四时八节"中的哪个节？一准少不了立夏。立夏那日吃蛋，这大概全国各处都差不多。我那时候也不去想为什么立夏这日要吃蛋？只是在心里粗粗地觉得，这大概跟端午那天吃粽子、过中秋节时吃月饼的原因差不离，每个节日都有它的意义，都有应当吃的吃食，节日里的吃食大多含有祝福和祈愿的意义。乡下的小孩都是自己瞎琢磨，不会用这些问题去烦难做苦累活的大人。

等我长大后乱翻书看到书上说："立夏吃了蛋，热天不疰夏"，意思就是说立夏吃蛋能预防暑天常见的食欲不振、身倦肢软、消瘦等苦夏症状。难怪童年时候，立夏前的那段日子，母亲兢兢业业地饲养她那一圈的鸡，一栏的鸭，她每日按时定点地喂鸡鸭们糠食，还常常抛给鸡鸭们一些嫩青草、小青菜，这叫"吃青"。母亲指望着鸡、鸭每日生蛋，生下来的蛋不像以前都拿到街市上去卖钱用来贴补家用，鸡蛋、鸭蛋都储存着，留着过立夏。

临近立夏的日子，我家会收到不少的鸡蛋、鸭蛋，村头的二婶、村后的祥伯母都会把自家的鸡蛋、鸭蛋给我们家送几个来，五保户何奶奶不知道在哪儿得了两个鹅蛋，也给我们送了来。我母亲也把自家收集的鸡蛋、鸭蛋再给别人家送去。这送来送去之间一点儿也不琐碎，反而个个收获了欢欣和温情。

在母亲忙着收蛋和送蛋的时候，我们也忙，我们忙着找出母亲织线衫用剩的绒线编织蛋网子，把绒线起个漂亮的结，再挂到衣柜门的挂钩上一步一步编织下去，编织时想着网里装上鸡蛋、鸭蛋与小伙伴们斗蛋去，心里美滋滋的。

　　我母亲常常在立夏前一天晚或者立夏当天一早上煮蛋，把蛋清洗干净，小心地放水锅里，大火焖煮。水开后再养上数分钟，蛋就熟了，这时节母亲不像平日做别的吃食掩着锅盖不让我们看，怕我们忍不住要吃。母亲会唤我们自己去锅里来看，选哪几只蛋用来与小伙伴们斗蛋。挑蛋我是很有经验的，鹅蛋首先被捞上来，它们是蛋王，可以想象在斗蛋的战争中，它们会把鸡蛋、鸭蛋杀得片甲不留。再捞鸭蛋，鸭蛋白壳的不如天青色的结实；鸡蛋是赤红皮，椭圆尖的又比象牙白色滚圆体形的耐撞。那斗蛋游戏的快乐就不必提了，或欢呼雀跃或衰颓失落，是留在记忆里让人永远难忘的童真童趣。

　　母亲会把剩下的鸡蛋、鸭蛋都在锅盖上磕出破缝来，再把它们二次回锅，加入老抽、葱根、洗干净的桂圆皮、茶叶包、五香粉、八角等作料进行二次焖煮。煮出来的蛋我们称作茶叶蛋。平日去街市上赶集，有人当街摆了炉子炖煮茶叶蛋来卖，或者去冬日的澡堂里洗澡，澡堂门口也有热气腾腾的茶叶蛋卖，但大人们总也舍不得给我们买来吃。直到立夏这天，茶叶蛋才尽我们吃，我们却往往吃一两个就够了。

　　平日舍不得吃蛋的大人们，到得立夏这天也是肯大快朵颐一番的，尽管每家每户都煮了茶叶蛋，大人们还会互相让着吃茶叶蛋，他们笑呵呵地吃了自己家再吃别人家的，吃了茶叶蛋之后的日子就要忙起来了，小麦要收了，菜籽也要割了。

莲藕有情

年幼时，农历五六月份，是放暑假的长日子，我总会乘帆船去姑姑家。姑姑家所在的村庄是一个水乡，放眼打量水乡，大河、小河、荷田里的莲叶硕大如盆、碧翠欲滴，雪白、娇粉的荷花出水玉立，风姿卓绝，好一幅如画的水乡图景，此地是休闲度假的好地方。

只是我的到来，让姑姑一家更忙碌了。姑姑每日做餐饭时，加大了量，负责编织蒲叶挣钱的表姐们挤出时间领我去玩耍，我们一众表姊妹划了小木船，去打莲蓬、摘荷花……因为我，更辛苦了的是姑父。素日往常，姑父干的活是划了小船去河里割蒲叶，回来了用石磙把蒲叶碾压数遍，碾熟的蒲叶让表姐们编织蒲包、蒲席。有时候他划了小船去捕鱼捞虾，拿到市场上卖，赚得钱来贴补家用。每每我来做客，姑父就会穿上一种称为"袯"的皮具去藕田里，那"袯"用厚厚的橡胶皮制成，可防水，防芦柴梗戳，防水蛭吸附到皮肤上，但烈日炎炎下穿厚皮袯就像把一个人放在蒸笼里炙烤般难受，姑父就是穿袯采回雪白的嫩藕来。

姑父捧回来的藕，水乡人称为花香藕。之所以叫花香藕，是因其时的荷田水面上还开着红红白白的荷花，种藕的人家一般是不舍得采回花香藕的，除非招待贵客。《红楼梦》里薛宝钗的哥哥薛蟠，人称薛大呆子，他也知道农历五月份的藕是好东西，喊了宝玉来吃鲜藕和西瓜，薛蟠说："只因明儿五月初三日是我的生日，谁知古董行的程日兴，他不知哪里寻了来的这么粗这么长粉脆的鲜藕，这么大的大西瓜，这么长一尾的鲟鱼，这么大的一个罗国进贡的灵柏香薰的猪，你说，他这四样礼可难得不难得？那鱼，猪不过贵而难得，这藕和瓜亏

莲藕有情

他怎么种出来的。"

薛蟠是农历五月份的生日,那藕必是花香藕无疑,花香藕是还没有长成的嫩藕,这藕如果一直让它埋在地里长,还会分枝长出更多枝枝节节的藕来,如果把花香藕采了,也就相当于让藕"断子绝孙"了。花香藕珍贵就珍贵在这里。薛蟠明面上呆混却也懂得用花香藕来讨好家世比他更好的宝玉。

姑父把花香藕像捧宝一样捧回来,那藕形如富贵人家养得娇憨的小孩子的胳膊,玉白粉嫩,切成段,我和表姐们现吃生藕段,咬一口,脆生生、水滋滋、甜润润,比树上的黄鸭梨更可口。

煮中饭的时候,姑父去猪肉摊上买上二斤五花肉,把一段花香藕切成丝,花香藕丝炒猪肉丝,一点白糖不用放,炒出来的藕丝甜脆鲜嫩,我们这些孩子一下就把盘子扒拉得见底了。姑姑有时也把藕切成片,用大火倒香醋烹炒,加少许糖,变成一盘酸甜可口的糖醋藕也是极受我们欢迎的。到了晚上,姑姑会凉拌花香藕,把藕切成丝,加少许酱油、麻油、白糖搅拌就粥喝,我总能喝下两大碗白粥。

我们人多口众,藕田里的花香藕只消我们吃上一日就一扫而空。姑父就去外河里采足花香藕,外河里的莲藕是无主的,是老天爷的赐给,唯有一点不好,外河水深,非得水性好的人才能去踩藕,在外河,用来防身的皮衩就不济事了,外河水深,得潜到水里去,把泥里的藕拖上来,一般人不肯吃这个苦。我姑父会去踩藕,还一踩就踩数枝的藕。回来了,这藕就由着我姑姑炒、煮、炝。

藕三五日全家人吃不完,姑姑就把藕像腌制卤水鸭蛋那样腌制起来,我们这里人又称炝藕,炝藕一定要用花香藕来炝,老藕不成,老藕失了那份独特的甜和嫩,炝出来会老得不能吃,而花香藕只要坛子口封得紧,等开坛,从坛子里攈出藕来,这藕跟新采时一样,洁白如玉,甜润爽口。每当家里菜蔬青黄不接时,搛出炝藕来配饭吃,就粥喝都极好。

我们这里,藕在寒冬时节才真正长成,跟姑父一样身强力壮的男人们都穿了皮袄下到藕田里,用脚去踩藕,全凭感觉踩,好的踩藕工,能让藕所有的枝枝节节一丁点儿也不少,枝节齐整的藕能卖出好价钱,一帮人在藕田里踩藕,另一帮人负责挑藕,把藕运送到船上去,船再把藕运送到藕厂或者市场上去,有的藕被人们从市场上买回去做成各种吃食:韭菜炒藕丝,五花肉炖藕片、藕片煮排骨汤,或者干脆熬个桂花冰糖藕,也有些手巧的主妇买了藕做成极受全家老小欢迎的藕团子。送到藕厂里的藕被做成藕粉、藕茶、藕圆子……总之藕真是嫩时有嫩的好,老时更有老的好!

我姑姑还有一道手艺,就是用老藕切成片子晒成干,这藕干子搁上油、盐、味精、麻油蒸出来,简直比火腿还好吃。用这藕干炖五花肉丝毫不比笋干炖五花肉逊色。

我吃过的花香藕、长成藕、藕干都是姑父和姑姑带来的,一吃数年,直到姑父患病去世,姑姑也成了古稀老人,我想吃藕才去市场上买,每每在切藕时,看到藕虽断,但丝总是相连,我会想起我的姑父来,莲藕有情,姑父虽然离开了我们,但我对他的思念恰如那藕丝,缠缠绕绕,连绵不绝,刀斧不能砍断。

恋恋脂油渣

　　去街市上一家小餐馆吃饭，店员捧来点菜单，菜单上招牌菜之一竟然是青菜炒脂油渣。我不由得回想起小时候，彼时，富裕人家都吃肉，穷人家才吃脂油渣，我家是穷人家，一年到头，猪肉难得上几回嘴。母亲解我们馋的法子就是买回白花花的猪油回来，熬了猪油和油渣出来，慰我们的嘴。

　　母亲买回来的猪油有花油和板油两种，整块的猪花油形状不规则，有形如荷叶、木耳的蜷曲卷边，花油出油量少，但熬出来的油渣筋道、有嚼劲。猪板油状如白肥肉，板板正正的，出油量多，熬出的油渣也类似挤了油的肥肉，入口即化，但没有猪花油的油渣香。母亲熬脂油渣，我每次都在旁边看着等着。只见母亲把油渣洗干净了，剁成大小相似的块头，每一块脂油如茶干大小，脂油块不能小，小了的话一熬就成丁了。母亲把大铁锅烧热，锅里什么也不放，就把脂油块倒进锅里去，火改小，小火慢慢地熬，手上使劲用铲子的背面按压脂油块，尽快把猪油挤出来，时不时地把脂油块翻身，防止炸焦了，炸焦的油渣有苦味。

　　要不了一会儿，本来干干的铁锅里就汪了浅浅的一摊油，肥硕的脂油块也瘦了身，成了细竹竿似的油渣，猪油渣特有的香味飘散得四处都是，我们忍不住咽了咽口中的唾沫，母亲终于把脂油渣装在了盘子里，一块块金灿灿的油渣卧在白瓷盘里，好看极了。我们等不及去拿筷子，用手拈起一块放嘴里，咀嚼起来，又香又脆，如果家里有酱油，倒点酱油蘸着吃，真是无上的美味，可惜每每吃过四五块，母亲就舍不得让我们接二连三地吃下去。她说要留着炒菜吃，熬汤喝。我们想着脂油渣烧菜做汤来吃，又是另一种美味，就千辛万苦地劝住了自己肚里的馋虫。

猪油渣不论搭配什么蔬菜炒来吃，方法都极其简单，滋味又极可口。我母亲做过韭菜炒脂油渣、菠菜炒脂油渣、娃娃菜炒脂油渣、黄芽菜根炒脂油渣……大火热油把蒜末、姜丝爆香，倒入切好的蔬菜，翻炒至七八成熟，搁上颜色金黄的脂油渣，继续翻炒至熟，撒适量的精盐、味精，装盘端上桌来，深得人心。脂油渣跟蔬菜搭配起来熬汤也是我们极爱的，相比猪肉汤的油浓味厚，汤里肥肉让人不敢伸筷子，油渣蔬菜汤有一种不腻口的清香，随便哪筷子都是馨香可口。

唯一可惜的是，猪油渣的分量太少，熬一次猪油，最多只能做一次菜，烧一回汤。离我们不算远的隔壁村庄上有一户人家做熬猪油的生意。这户人家的父母亲专门去猪肉摊上大量收购猪花油和猪板油，回来了就用大铁锅熬猪油，把猪油卖到饭店里去，我们小时候可没有什么地沟油，但饭店为了节省本钱，也会要些心眼，用猪油来代替价格昂贵的菜籽油、豆油来烧菜，猪油渣就卖给他们自己村庄上或者附近村上的人家。

知道有猪油渣卖，我就和小伙伴一起骑了自行车去那户人家买猪油渣。我没去买油渣的时候，对熬脂油渣这户人家的孩子羡慕得不得了，觉得他们多么幸福，成天都有猪油渣吃，不像我家的猪油渣总是盘子心里那几块，我们每次吃油渣总觉得"到嘴不到肚"的。到卖油渣的人家一看，那户人家果然有与我们一般大的女孩儿，不过她正坐在灶下烧柴火熬猪油渣呢，满头满脸的大汗，我问她喜不喜欢吃猪油渣，她说她天天要熬几大锅的猪油渣，闻见脂油渣的味都犯恶心，才不想吃。我常常去买油渣，常常看见她在熬油渣。

我买了猪油渣回来，有时候母亲还在田地里忙着。想着那卖油渣家的孩子，我就觉得我应该自己做饭，学着母亲的样子，去菜园子里割了韭菜，用韭菜炒了猪油渣，再拔了小青菜配着猪油渣熬了一锅汤。从田里归家的母亲，从工地上回来的父亲吃着我们做好的饭，总是特别欣慰。

后来，我长大了，工作了，家里条件日好，母亲很少再买油渣，她不知道打哪儿听说，猪油、脂油渣都是不健康的食品，吃多了不好。但每次回乡，母亲会问我要吃什么？我必点她做的脂油渣菜肴，或者韭菜炒油渣，或者大白菜熬油渣汤。有一回我吃着油渣，问母亲隔壁村庄卖猪油渣那家还做着这生意吗？母亲说："早就不做了，她家改行开浴室了，那跟你年龄一般大的闺女也跟你一样考到外面去念书，现在据说在公司里做会计了。"

有一次，我在城市街头的小吃店，竟然遇见了当年添柴火熬油渣的她，我们一点都不觉得生分，立刻谈起当年她家的脂油渣，我问她："现在喜欢吃脂油渣了吗？"她说："很喜欢吃！脂油渣其实比猪肉更香。"她舀着碗里的饺子对我说："这饺子口味如何？"我说："一般，不够香。"她回："是的，放点脂油渣在里面，这饺子就会香起来，很多店家不知道猪油渣的妙……"她说她现在隔三岔五就要做一顿脂油渣吃食来，青菜、芹菜、韭菜各式蔬菜炒脂油渣，有空的时候也剁了脂油渣包饺子，把油渣丁和荠菜、蛋皮、虾米、木耳等搅和在一起做馅包饺子，要比这小吃店的各类饺子都香上几分。

原来，现在的我们都成了爱吃脂油渣的人，而现如今的油渣也不再是贫寒的代表物，甚至成了饭店里的招牌菜，油渣是多么奇妙的吃食，在漫长的时光里让看上、看不上，喜欢、不喜欢它们的人，都眷恋起它们来！

托萝卜干的福

汪曾祺在《草巷口》那篇文里写：碾坊斜对面有一排比较整齐高大的房子，是连万顺酱油的住家兼作坊。作坊的主要制品是萝卜干，萝卜干揉盐之后，晾晒在门外的芦席上，过往行人，可以抓几个吃。新腌的萝卜干，味道很香。

我家乡所在的平原地区，岂止是卖酱油醋的店家会腌制萝卜干，平常人家的主妇也大多会腌萝卜干，萝卜干是一户普通人家家里长年不断的腌菜之一。

秋天的菜园子里，大大小小的萝卜像一个个懒娃娃酣眠在土地里，选一个晴好的日子，去"起萝卜"。是的，我们乡村上把拔萝卜称为起萝卜。一个"起"字好像是在叫小孩子起床，一个个萝卜被从地里叫起来了，大的海碗大，小的乒乓球般小，长的一根筷子那么长，短的调羹勺柄那么短，红的热辣辣的红，白的白莹莹的白，主妇们看着，心里充满收获的喜悦。有人打菜园子路过，无论如何要请他（她）吃个萝卜。行人说："起萝卜，腌萝卜干呐？"这边也明知故答："是呐，来来来，吃个萝卜。"一个萝卜从空中呈抛物线状飞到行人的手上，行人立马用衣襟擦了擦，咬上一口，喜笑颜开地说："甜，一点不麻（麻的意思是辣）。"

主妇把大大小小的萝卜过水洗干净，切块，盛放在平口浅身的大木桶里，往萝卜块上撒晶莹细白的盐，用手稍稍揉搓，让盐逼出萝卜里的水分，瞅着日头大好，赶紧把萝卜块晒到四面不遮阳的旷地里去，受了日头的照晒，萝卜块里的水分才真正消散得无影无踪，变成萝卜干。

　　小时候，晒萝卜干的活是我的。在离家不远的田地里摆上两条长条凳，凳子上搁竹竿，竹竿上铺放芦柴席子，把萝卜干倒在芦柴席上，再一个一个均匀地摊开，让它们接受阳光均匀地照耀，没两日，本来肥肥硕硕的萝卜块就变得干干瘪瘪，成了名副其实的萝卜干。

　　几日过后，一大桶萝卜干变成了一小篮子了。主妇们开始打盐卤，用卤汁把萝卜干再泡发开来，装坛储藏，我母亲爱在萝卜干里撒上五香粉、八角等调料，这就变成了五香萝卜干。腌制得佳妙的萝卜干，不论它们原来的底色是白萝卜还是红萝卜，开坛后一律金黄灿烂，捏一块咬一口，嘎嘣脆，甜津津，口内生香。

　　小时候的村庄上，早饭、晚饭大多是熬粥，佐粥的小菜最常见的是小咸菜和萝卜干。主妇们要是手里事多，就直接从萝卜干坛里抓出一把萝卜干装在小碟子里给家人就粥吃。有时候，她们中午从田地里回来晚了，豆腐没买一块，菜园子里也青黄不接，没有什么可吃的，也从坛子里抓出一把萝卜干切碎，热锅里倒满满的一大铲的菜籽油，搁上葱花、姜末，倒入萝卜干爆炒，最后撒上青碧碧的蒜叶，拣上几颗炒萝卜干吃在嘴里，香甜咸淡适口，家里挑嘴的小孩子也能就着炒萝卜干吃下一大碗的米饭。

　　萝卜干是从前乡村里贫家的爱物，在旧书里也是行路人寒碜之状的代表之物。《儒林外史》里面有个牛浦郎冒充有诗名的名士牛布衣，把家里的舅丈人当仆人来装架子接待官员董老爷，两位舅丈人一气与他闹翻，他既不告诉舅丈人也不给妻子留口信，自己偷偷搬了行李，出去野游，蹭得一行客的大船，那有钱的行客，船家给吃的是一尾时鱼、一只烧鸭、一方肉，和些鲜笋、芹菜。到他，只给他一碟萝卜干和一碗饭。

　　等我做远行人，十七岁的我要离开家去远方念书，母亲特地往我鼓鼓囊囊的行囊揣上两瓶她腌的萝卜干。我心怀嗔怨:"带什么不好,非得不远几百里带上些萝卜干?"等到学校的食堂里日复一日花菜烧煮肥肉片、洋葱炒大块猪肝,烀包菜这三大样,我直吃得发了腻,才想起母亲的萝卜干来,我打了米饭,去开水房拎了热开水,回到宿舍,用白开水泡饭就萝卜咸,这一吃吃出清清爽爽的香甜咸爽的好滋味。邀请同宿的姑娘们一试我的吃法,她们一众人等都夸茶泡饭配萝卜干实在是绝配。那萝卜干带我们回到了故乡,想起故乡村庄上的父母亲,他们一旦逢着农忙,来不及做饭,就用泡饭就萝卜干来饱腹。就这样萝卜干解了我们一群离家的青春少年的思乡之情。

托萝卜干福的可不止我一个,我工作后,单位有一位做保洁的阿姨,她丈夫早逝,儿子不成器,媳妇丢下了年幼的小女儿走了。阿姨托人寻了我们单位的保洁工作,出来挣钱养活自己和小孙女儿。我们单位是个学校,地方大,孩子多,她做保洁拿着一千出头的工资,一日到晚,扫了一楼拖二楼,抹了桌子擦玻璃,总有干不完的活。她还是心怀感激,她也送不起什么贵重礼物给单位的领导们,有一次把自己腌好的萝卜干各送了两瓶给他们,各人都喜欢得紧。后来,他们冲着保洁阿姨腌萝卜干的好手艺,调她去食堂里做打菜师傅,她欢喜异常。我们单位只中午供应一顿饭,做食堂打菜师傅,只在中饭前上三两个小时的班,工资与做保洁同等,她有更多时间带小孙女儿了。平日,我把自己收集的废纸给她,让她卖了贴补生活,她竟也会送一罐子自己腌的萝卜干给我。我要不收,她就生气地说我看不起她,我带回家去吃,阿姨腌的萝卜干确实甜咸适度,脆香可口,比我母亲腌的口味还好上几分。

幸福臭豆腐干

循着记忆，我们去寻多年前的那家炸豆腐干的小摊。在与往日相同的地段上确实摆着一个炸臭豆腐干的小摊，只是从前小摊上只做炸臭豆腐干一样吃食，现如今，摊上的吃食精彩纷呈：香肠、素鸡、年糕、香蕉、藕夹……记得从前摊主是一对夫妇，而今却是一个人，一位中年妇人，她中等个头，有一张棕褐色的方圆脸，笑容不吝啬地铺开在脸上。我不敢确定她是不是记忆中的那位摊主？

我问她："老板，你家摊子一直摆在这儿，没挪过地吧?"那位中年妇人声音爽脆地说："我家在这儿摆摊十多年了，一直没挪过位!"我又说："以前只炸臭豆腐干，现在吃食丰富起来了啊?"妇人笑着说："是的，根据大家的口味又配了些，但还是炸臭豆腐干卖得最多……"

老板还是像当年一样健谈，有问必答。我记得我因为爱写小文章，好奇地问过她："臭豆腐干是怎么制作出来的?"她回答我，她不会做臭豆腐干，是从专门制作臭豆腐干的人家"拿"来的，但她会货比三家，知道哪家的臭豆腐干买回来，煎炸之后最好吃。

请摊主给我们炸臭豆腐干，只见她从一旁的白色塑料盒子里，拿出数块臭豆腐干丢在油锅里，本来平静的油锅立刻油花四溅，像乡村里的麻雀叽叽喳喳地叫开了，豆腐干在油锅里上下浮沉，如潜水的鱼。摊主用一双长筷子翻动着它们，下沉的捞到油面上来，上浮的推到油面下去，顷刻，灰头土脸的臭豆腐干变成了金黄色，又过了一小会，摊主把它们从油锅里捞上来，放在一个中号的不锈钢盆子里，只见摊主拿出一把剪刀，噼里啪啦地剪起臭豆腐干，不一会儿，方方正

幸福臭豆腐干

正的臭豆腐干就成了小号田螺大小的碎块儿，摊主往里面撒上椒盐、辣椒粉、芫荽……分成了三小碟给我们端到她身后的小桌上。

我们仨在桌边坐下来，我用竹扦挑了一块放进嘴里，脆软咸香，香是一种奇异的香，很难想象这东西与豆腐是一脉同宗。孩子只管埋头大快朵颐，我和先生一边吃着，一边闲聊日常。摊主听我俩聊天，走过来对我们说："你们这对夫妻真好啊，像朋友样交谈，少有的互敬互爱！"我和先生一听她如此说，哈哈大笑起来。

先生想到什么似的问她："老板，你丈夫从前也帮你一起看摊的吧？"她连连点头，跟我们细说原委："是的，以前我俩就守这一个摊子，现在他自己也摆了一个卖卤菜的摊，没有空来帮忙了。"

原来，从前那会儿，两人都从厂里下了岗，一下子没了经济来源，但老人、孩子要养，日子要过啊！夫妻俩左思右想一合计，就摆了这个小吃摊，开始顾客稀少，就她一人出摊，丈夫在外面打打零工，哪里有活往哪儿赶。她则把小摊子当孩子般精心照看，她曾试买不同人家的生臭豆腐干，买回来后，她就无数次试炸、试吃自己做的臭豆腐干，她的臭豆腐干的口味日渐丰美，顾客日渐增多，她常常忙得脚不沾地，打零工的丈夫就舍弃了自己的那份活，帮她一起看摊，那就是我们从前看到他俩一起在摊子上的时候。

后来，孩子大了，也很争气，去了省会城市念大学，大学毕业后，孩子又在省会城市里找了工作，娶了媳妇，生了孙子。省会城市的房子价格高，孩子们拿贷款买了房，他们肩上压力大。她和丈夫打算趁着自己不太老，再奋斗一把，帮着孩子们还些贷款，助他们的小日子一臂之力，于是，她建议丈夫摆一个卤菜摊，这样一来她家有了两个摊，两个摊不论晴天朗日，还是风霜雨雪天从不歇摊，唯一一次没出摊，是她儿子结婚的那三天……

　　看她热情洋溢地跟我们说话，我们知道她虽然干着最不起眼的卖小吃的活，但她心里是幸福的，她靠双手把全家人的日子朝幸福路上引，而一颗幸福的心又像一面镜子，可以照见别人的幸福。

变化的味蕾

读《浮生六记》，沈复写他的妻子陈芸。陈芸就是被林语堂称赞为"中国文学史上最可爱的女人"的芸娘。芸娘每日饭必用茶泡，喜食芥卤腐乳，所谓芥卤腐乳，就是当地俗称"臭豆腐"的吃食，她还喜食虾卤瓜。

芥卤腐乳和虾卤瓜这两样配饭吃的小菜，虽是芸娘的心头好，初时却是沈复平生最讨厌的吃食。他戏谑芸娘，问她如此喜欢吃臭的食物，是没有胃子，不知道粪臭秽的狗？还是堆粪球，为了休养生息蜕变成蝉的屎壳郎？对于丈夫的取笑，芸娘一点也不生气，她对他说："腐乳，我不敢强迫你吃，但是卤瓜你可以捏着鼻子尝尝，吃了之后就知道它的美味了。"沈复嫌弃虾卤瓜的怪味当然坚决不肯品尝，芸娘用筷子夹了一些卤瓜强行塞他嘴里，他只好捏着鼻子咀嚼，这一尝，不得了，虾卤瓜，好吃。放开鼻子又吃，他居然吃出了鲜美香脆的滋味，从此就变得喜欢吃。

后来，他俩还把卤瓜捣烂拌腐乳，并取名为"双鲜酱"。从这名字，可见沈复的喜欢。他为自己感到莫名其妙，当初那么厌恶的虾卤瓜和腐乳，现在变得如此喜欢。我以为，不过是他与芸娘之间的情投意合，让他愿意跟着心爱的人去尝试有异味的食品，觉得味道不同寻常的，也美味可口罢了。

我年幼时，家贫，每每家里来远途亲戚，我妈必抓鸡宰杀，炖了鸡汤待客，汤盘上桌，我先捞了一只鸡腿放在客人碗里，随即把另一只鸡腿搛进小弟碗中，这样的我被大人们交口称赞，他们说我实在懂事体贴，其实我不吃鸡腿，不过是不喜欢鸡肉散发的肉腥味。

家境日好，逢年过节，餐桌上日益丰盛起来，我妈会烧鸭蒸鹅，一盘油光闪亮，喷香扑鼻的红烧鹅端上桌子来，又一锅奶白浓稠，香气四溢的老鸭汤端上桌来。我妈就好像把天下最滋补人身体的好东西都捧上桌了，她十分愿意我和小弟像饕餮之徒，慌不择路地狼吞虎咽，如此，她就感觉到她所有的忙碌都是有意义的。小弟还好，我却丁点的鸭肉、鹅肉也不上嘴，本来需要泡汤的饭，我就像《浮生六记》里的芸娘取来开水泡着吃。把我妈气得简直要掀桌子，后来被她逼着，我勉强地拣了鸭胗、鹅胗之类，上嘴吃了吃。

遇见先生后，我第一眼就喜欢上他了，他长得干净又帅气，就像春水一样明亮亮，招人倾慕和爱恋。恋爱的日子里才知道，别看他的气质是清清爽爽的，但此人无肉不欢，还特别喜欢吃猪大肠、羊肉等散发出膻味的食物。

每每我俩去饭馆，他除了点上我爱吃的两个清淡小菜，必要让大厨给他来一盘猪大肠，冬天里又必点上一砂锅的羊肉，每次看见他拖着猪大肠、羊肉大快朵颐，快乐开怀的样子，我的心就如小区里的喷泉汩汩地冒着快乐的水花。

他发现我光看他吃，自己却从不动一筷子就劝我尝尝看，我摇摇头，我可是嫌弃鸡肉、鸭肉、鹅肉等吃食有动物腥气的人，怎么吃得了这一股膻味的大肠、羊肉？他倒也不逼着我吃，只是自己吃得更欢实了，渐渐地他吃，我也跟着他吃一点，吃了后，就觉得味道果然不坏，红烧的大肠绵软又有韧劲，涮火锅的羊肉鲜香，那点膻味不知道什么时候就闻不到，也吃不出来了。我俩对着盘子大饱口福的时候，先生总是说："我说好吃，你以前不信，还说不喜欢吃！"

　　等到经过一年多的恋爱期，终于修成正果步入婚姻，我们的饮食口味已经相当和谐统一。每次去超市逛，都要买一只烤鸡回来吃，逛菜场又买一只烤鸭回来改善一下伙食，逢我们去饭馆里招待客人，必要点辣子鸡、老鸭汤之类。

　　也许这变化的味蕾，不过是"有情饮水饱"的另一种表达。

红薯的情义

到了秋冬时，天气在某一天骤然冷下来，这"冷"像一块抹布把街市上鲜、腥、臭的气味都抹去了，给人留下空明洁净的感觉，就是在这样一片凛冽的寒冷的空气里飘来烤红薯的香味，那悠长的甜香不仅挑逗人的味蕾，还挑动了人的记忆。

小时候，红薯在我们生活的村庄不称红薯，叫山芋。作家林清玄在书中写他家乡的俗语："时到时担当，没有米饭就煮番薯汤"，这里的番薯其实也是山芋。我的家乡也有关于山芋的一句俗语，虽然没有林清玄家乡的那句意味悠长，但也自有一份侠肝义胆的豪气，我们说："山芋干薄粥，尽兜。"贫穷年代，家家户户拿不出米来煮米饭、熬粥，只有山芋长成的时候，制成山芋干，用山芋或者山芋干来熬粥，人们才大方起来，让尽兜，即你尽管吃，锅里有的是。

山芋在本乡既有这样一种扶危济困的情义，村庄上的主妇们便个个能种山芋，她们把平整的一块地垒成微型的"峰谷"连绵状，再把买回来的长着碧绿心形叶子的山芋秧栽在垒起的土峰上，露浸风吹后，山芋秧就哗啦啦地爬着长开去了，地上高垄处、低谷里都铺满了绿色的藤蔓。

山芋藤头可以吃，它们呈碧翠色，择去叶子，把藤头截成成人半个食指长的小段儿，这段儿颇像菜茎，把这小段儿细致地剥下外皮，下锅里，大火热油爆炒，是一道鲜脆脆的下饭菜。

主妇们可不会经常去打山芋藤头来吃掉，藤头是山芋的"青山"，留得青山在不怕没柴烧，这藤蔓可是要留着结山芋的。

到了寒冷的天气，是刨山芋的光景了，用铁锹在土垄上顺着山芋藤的根部挖下去，锹锹不落空，拳头大小的山芋露了出来，红通通的外皮，沾着湿润的泥土，像新生的婴儿一样可喜。再挖下去，瓷缸大、海碗大的山芋都出来了，堆了满坑满谷，看了真让人愉快。山芋装一些在蛇皮口袋里，堆在厨房角落里，再挖了地窖储藏起来一些。

本来单调乏味的日子，因为山芋的到来有滋有味起来。每日早晨，母亲做早饭时一个锅熬粥，另一个锅蒸山芋。蒸山芋要选小山芋纽儿，小山芋纽儿一律细条条的身子，一拃长的身量，锅里放水，水上放蒸篦子，篦子上架山芋纽儿，粥熬好了，山芋也好了，喝一口粥，吃一口山芋，再嚼一口萝卜干，香软咸甜的滋味，让晨光变得分外美好。

大块头的山芋看上去让人喜欢，但吃起来却不如小山芋纽儿讨我们喜，我母亲有时候把大山芋切成薄薄的片子，在大铁锅里倒豆油，煮这些山芋片子吃。这大概就是香港作家亦舒写的糖水番薯，她说："一般超级市场里买得到的番薯，分红肉与白肉，红肉比白肉好吃，红肉本身已经够甜，切块，水中加一块冰糖，煮二十分钟，已经可吃。香、糯、甜，最适合吃，秋冬季下午，一觉睡醒，不管有没有好梦，就可以痛快地吃了。"

我母亲除了煮糖水山芋，还把大山芋切了小块子，加碎米面粉，搁了豆油一起煮成山芋糊来吃，这山芋糊甚至可以用来待客。

小孩子最喜欢的是炕山芋。山芋收进屋，我们就抢着给母亲帮忙添柴烧火，先把灶膛烧热，再喜滋滋地握了一只山芋把它埋到热灶膛肚里去，埋了山芋的那边灶膛，就像埋了宝，小心地护卫着，防止火把山芋炕煳了，用另外的半边接着添柴火。

锅头上的饭好了，我们炕的山芋也好了，小心翼翼地用火钳从灰堆里翻找出山芋，好一个灰头土脸的"小子"。小心地剥了皮，山芋露出金黄灿烂的肉来，赶紧把嘴凑上前去咬上一口，满嘴绵软香甜，吃上一个肚里就饱胀起来。《围城》里方鸿渐、赵辛楣一行人在去三间大学的路上，因为缺盘缠被困在吉安，饿得不行之际，方鸿渐看见卖烤红薯的就买红薯来给赵辛楣吃，赵辛楣大赞鸿渐的采办本领。

成年后，在街市上看到烤红薯，我很少买来吃，我总觉得没有我童年时自己烤的好吃。

山芋挖出来后，吃不上多少天，就要坏，主妇们有保存的办法，她们把山芋洗干净，切成了条条，架了凳子，铺了芦苇席子在麦田里晒，晒成山芋干。我们小孩子每日放学，被派去收山芋干，山芋干半潮半干的时候最好吃，我常常边收山芋干边吃，等到山芋干真的变成干子，就变得硬如石子儿，但那个年代的我们没有零食吃，每日上学，就抓一把山芋干揣在口袋里，一路走一路吃，也从干硬里吃出一份甘甜来，吃出一份简单的快乐来。

我母亲把收藏好的山芋干用来煮白粥、菜粥吃，那薄粥就变得稠厚，甘甜可口。我想象着村庄主妇们创造出第一顿"山芋干薄粥"待客时的自豪劲头，恐怕不比一位工程师解决了一个高难度的技术问题来得少。

现如今，村庄上善种山芋的主妇们都老了，但依然种着山芋，问她们为什么要费力气种山芋？她们说："红薯吃不够啊，再说甭管孩子孝顺不孝顺，种些红薯又不费力，当街摆个烤红薯的摊子，城里人最喜欢吃的，谁也饿不死我……"她们也学城里来乡村"农家乐"旅游的人，洋气地称"山芋"为"红薯"了，红薯就是这样在岁月中扶危济困，暖老温贫。

失味的荸荠

梁实秋在《腊肉》一文中这样写道:"真正上好的腊肉我只吃过一次……此后在各处的餐馆里吃炒腊肉都不能和这一次相比。"这一次是他在湖南湘潭朋友家吃腊肉,宾主尽欢,喝干一瓶温州老白酒。

并非只有大师才会这样感慨,尘世中普通的我们也常常忧叹:蜂蜜没有幼时亲手从屋檐下芦柴管里拨出来的那块香甜了;市场上石榴果肉红宝石似的好看,却寡淡无味,哪里是记忆里的好味道?

我友小韩还斤斤计较着摊贩上出售的荸荠的滋味。我俩逛街时,卖荸荠的小摊主殷勤地招呼着:"姑娘来吃一个,不好吃不要钱!"小韩走上前去,从篮子里挑了一个紫红水润、大个儿的荸荠放嘴里,她未吃完就跟摊主抱怨:"老板,你这荸荠水分太多,没嚼头,还不大甜!"摊主一听急了:"姑娘你这样挑剔,倒是买不着东西了!"小韩轻叹了一声:"是的,我要的那种荸荠的滋味,买不到了!"

有些滋味是握在手里的一把亮闪闪的钥匙,不经意就开启了一扇记忆之门。

小韩打小就喜欢吃荸荠。父亲娇惯她,分田到户的三两亩责任田别人家一律春麦子秋稻谷。她家,父亲专门辟出一块地来种荸荠。村子里的婆姨们看不惯父亲对她的宠溺,大肆嘲笑他:"老韩,你准备养个姑娘种?"她知道村子里重男轻女的习俗,气得大哭。父亲听了那些妇人言语,只是哈哈一笑,也不辩解,仍是每年为她种荸荠。

每年到了冬春交接之际,田里的荸荠就长成了,父亲穿了胶鞋去泥泞的水田里挖荸荠,一只只荸荠就像一只只乌紫色的玉器埋藏在地底下,要用寻宝的耐性小心地从黑黢黢的泥土里把它们挖掘找寻出

失味的荸荠

来，等有了个半篮子后，拎去码头上把污泥洗去，一只只荸荠果然发出玉般温润的光泽。小韩放学一到家必欢天喜地拿一只大个的荸荠，用她的编贝小齿啃去荸荠紫褐色的外皮，露出白嫩的荸荠肉来。老韩喜滋滋地问吃荸荠肉的小韩："甜不甜？"小韩大声说："甜，甜煞人！"

老韩对他妻子说："她喜欢吃，你弄点荸荠吃食给她吃，你不是手巧吗？"小韩的母亲就抑制不住喜色地说："没看过你这样疼丫头片子的。"第二天一早，小韩的母亲做完早饭，洗了衣服后，就去猪肉摊上买了猪肉，把猪肉切了片，把荸荠一个个削了皮，切成片子，用荸荠片炒瘦肉薄片，小韩到了家吃到这样一盘猪肉荸荠片简直像过年一般高兴。她连声地向父母亲夸这菜真是嫩滑腴美，甜香咸妙。小韩如个饕餮一般，又添了一碗饭。

晚上小韩到家，又逢喜事一桩，她看见母亲把洗干净的荸荠放进锅里，加水，丢入数个老冰糖，熬了一锅糖水荸荠。她主动帮母亲送了一碗糖水荸荠给邻居祥二婶。二婶笑呵呵地说："这好吃的，我肯定是跟小韩沾光才有得吃的！"小韩心里美滋滋的，她觉得自己要改名为"小糖"。冰糖荸荠甜，二婶的话也甜到她心里去了。

窗外日光弹指过，席间花影坐前移，小韩已是人妇，也有了自己的小女儿。老韩老了，他满头青丝渐成霜染模样，但小韩还是他心头上的宝，荸荠一直种着，又开垦了一些新地来种，老韩说小韩的小女儿跟她一样，也爱吃荸荠。每年荸荠上市的时候，老人就一如往常，弯腰屈腿蹲在地里寻玉石般的荸荠，再挑选大个儿的洗净、装袋，背在肩上，乘了班车送到小韩所在的市里。

去年冬天，老韩去世了。小韩的心撕裂了一个大大的口子，再吃到荸荠，她多了悲伤和心痛。那些她从各处买来的荸荠，凭她用哪种方式吃，都不是父亲亲手种出的荸荠的味道。

花生

读小学时，语文课本上有一篇文《落花生》，作者是许地山。《落花生》一文详尽地记述了父亲与孩子们对谈落花生的情景，那一幕幕让我羡慕极了，自从学了课文后，花生在我心里变得与其他瓜果菜蔬不同了起来，它们是书里的主角啊！

我母亲也种花生，但不是像《落花生》一文中那样，为了给孩子们过收获节，她是为了过农历年有可给予他人的"年彩头"。在我的家乡苏北平原，过农历年是大事。家家都得备下盈足的"年彩头"，年彩头大体上是花生、葵花子、大糕、面果子、水果糖……亦有有钱人家为表示那独一份的阔绰，会摆出托人从大城市买回的巧克力、大白兔奶糖等。

家境窘困的主妇们过日子自有一把尺量，她们为了免除过年时捧不出"年彩头"的寒窘，在素日往常就安排妥当了。年是一份卷子，勤劳的主妇们，就是平日努力刻苦的好学生，她们绝对把工夫花在平时，才不会临"考"抱佛脚。我母亲自种葵花子、花生。到了收获季，我们小孩子都被派去帮忙。说到收获，收麦子、稻子、玉米都不如收花生令我们开心。到了花生地里，满眼打量去，明明是一簇簇绿油油的茎秆和叶子，撑开手掌一把抓起花生的茎叶，连根拔起，那细细的根上竟然缀缀累累地附着数不清的玲珑花生果，那感觉就仿佛突然从地里挖到无数的碎银子，让人喜出望外。

刨出来的花生，去河里淘洗干净后，收在竹篮里。此刻，母亲必定要犒劳我们，解我们的馋。她把颗粒饱满的大花生拣择到大竹匾里，把大竹匾搁在院子天井里晒，水果子——那些生得幼小的花生煮成盐水花生。煮盐水花生是带壳一起下到水里，加入五香粉、八角、食盐等作料，大火烀煮，煮出来的水花生剥了壳，露出小小的水滋滋的仁儿，这花生仁因为浸透了调料的香味，酥烂香浓，老祖父用来喝酒，父亲用来喝茶，我们空口吃都是极好的。

每每到了秋冬，临到寒风裹着冷雨的天气，父亲不出去上工，我们恰巧也不用上学的日子，朔风冷雨从门缝里拼命往屋里挤，一家子怪冷清无聊，母亲就说："炒花生给你们吃啊！"我们自然拍着双手叫好，母亲会选二茬子的花生，就是那种上手摇来会听到哐啷啷的声响，仿佛铃铛在摇的花生。她把三茬的花生留着，三茬花生个头大，摇来不动声响，把它们留着过年，留做明年的种子。二茬子的瘦花生母亲嫌弃不好，但炒出来却香得不行，用梁实秋的话说："花生仁瘦长，嚼之有风骨。"

如果说前面普通日子里吃花生算是节目彩排，那么过年的炒花生，才是好戏正式上演。我母亲一般把炒花生安排在蒸包子后，蒸了一天的包子，灶膛里的余温还足着，不需要谁来帮忙添柴火，炒花生，母亲一个人就够了，架一点细微的柴火，她在灶头上使铁铲不停地翻炒，花生就在锅里像跳皮筋的小女孩哗啦啦跳过来，哗啦啦再跳过去，炒花生的声音就像一阵阵急雨噼里啪啦落在天棚上。母亲时不时剥一个来尝尝，要是花生仁儿去掉了原来的土腥味变得香喷喷的，那就是快熟了，此时的花生自然是粘牙的，等装在簸箕里冷却下来，就会变得又香又脆。大年初一的彩头就备好其一了，有外地的亲戚朋友来，大声招呼他们："来来来，弄点彩头吃吃！"第一次听的人以为是什么稀罕物，再一看原来就是落花生啊！

我家过年虽然没有巧克力、大白兔奶糖，但母亲也会特地为我们做一些挂霜花生。是她平时利用闲空子，把花生剥了花生仁，炸了过年的肉圆之后，就着油锅接着炸挂霜花生，花生仁用油炒熟装碗，铁锅里用白糖熬糖料子，再把熟花生仁倒入黏稠的糖料里，不停翻炒，花生就像穿了一身雪白的外套变成挂了霜的花生。过年的时候，这也是让邻居家小孩子羡慕的吃食。

　　长大后爱翻各类闲书，关于花生的吃法，最经典的可能就是书上说金圣叹临刑前唤来儿子，耳传秘诀："花生与茶干同嚼，有火腿味……"我一直想试试，但一想到这花生是炒还是煮呢？把母亲平日做花生吃食的步骤想了一遍之后，我这懒人就觉得算了，干脆去买真正的花生和火腿来吃吧！

黄芽菜

我小时候，青菜一年吃到头，黄芽菜却只有在冬天才有得吃。据载黄芽菜是大白菜的一种，古时称为"菘"。古名、学名都是植物专家的事儿，我们村庄上的人只叫黄芽菜、包心菜，就像一个孩子的学名是给陌生人叫的，熟悉的人都喊他"小二子"。

秋天的时候，在菜园子里栽下幼小的白菜，此时的它们未着一丝黄色，还是绿叶子，白莛子，风吹日晒，露浸霜临，大白菜"噌噌"地长大，没过多少天白菜叶子就跟盛开的花一样蓬散开来。大人们会用两根稻草把蓬开的叶子捆扎起来。这一捆扎，叶子们就听话地往里抱团，一团一团的白菜乖巧可爱地站在地里，又过了些日子，它们的绿叶子开始变成淡金色，像春天刚爆出的新柳的淡淡金色，莛子就变成了洁白如玉如雪的颜色。看上去仿如新生的纯净婴儿那般惹人喜爱。

要赶在下雪前，把黄芽菜从菜地里铲下来，再一棵一棵抱娃娃似的抱回来，要不然会被霜雪冻坏。我们家的黄芽菜储藏在厨房的碗柜下面，像砌墙叠砖那样码着，过不了多少日子，碗柜下的黄芽菜就外皮蔫耷，灰头土脸起来。

我同学家的黄芽菜却是另一种姿态，同学的爸爸是中学校长，妈妈在当时最时兴的单位——百货大楼里做售货员，算得上小镇上的富贵人家，我有一次去她家玩，只见她家堂屋的条几上摆放着两盆鲜艳夺目的塑料花，花中间摆着一个白瓷碟儿，碟子里盛了些清水，清水里养着一棵鲜嫩水灵的黄芽菜心，这碟黄芽菜在两盆假花之间美得仙气飘飘，似乎不是地上长出来的，这黄芽菜心一入了我的眼，我就再也没忘记过它，即便当时年幼，我也觉得那黄芽菜是可以入画的。

长大后乱翻书，看到著名国画大师齐白石先生果然爱画黄芽菜，看到他的那幅大白菜图，大白菜旁点缀着几只鲜红的辣椒，并题句说："牡丹为花之王，荔枝为果之先，独不论白菜为蔬之王，何也?"

对齐老的题画词，我心有戚戚焉，黄芽菜在我眼里是真正的有大气象的王者，它入得富贵人家的厅堂，更下得了贫穷人家的厨房。

储藏在碗柜下面的黄芽菜，吃的时候抱过一棵来，把外皮剥去。就露出了洁白的茎和娇黄的叶，我母亲烧黄芽菜，爱把茎叶分离。她把黄芽菜的白玉茎部斜切成丝条儿，买了五花肉，也切成丝条儿，用黄芽菜根来炒肉丝，这道菜做法也简单，锅里放油爆炒了葱姜、辣子，倒肉丝使大火翻炒至九成熟，放黄芽菜茎，略炒，装盘端上桌来，捡上一筷子，清爽馨香，脆嫩腴美。

黄芽菜叶子，母亲有时直接煮清汤来喝，当口袋里盈盈足足时，母亲会买排骨炖熟后推入黄芽菜叶，那汤，鲜得眉毛都要掉了。口袋干瘪之际，就买那不值钱的豆腐或者平菇，豆腐敲成块儿，平菇撕成条儿，放到黄芽菜锅里，再放上小半碗的脂油渣，一锅乱炖的汤，却是让人难以形容的美味。

白菜更好的吃法是冬日来亲到客，杀鸡炖汤待客，等鸡汤熬得牛奶一样白，推入黄芽菜，锅沸之后，汤白如牛奶，香飘四溢，喝在嘴里鲜香无比。《随园食单》上有黄芽菜炒鸡一道，我在的村庄没有人家做过，还有腌黄芽菜一法，我们村庄上亦没有，看袁枚的描述，腌黄芽菜，淡则味鲜，咸则味恶。然欲久放，则非盐不可，常腌一大坛，三伏时开之，上半截虽臭、烂，而下半截香美异常，色如白玉……大概是因这种一坛子腌菜半截好半截坏的腌法很是浪费，所以我们村庄上的主妇不取。

那时节，在我们乡村上，黄芽菜除了自吃，还是互相馈赠的礼品，我小姑是种蔬菜的一把好手，她常常会把种的黄芽菜挑去集市上卖，有时候也会给我家送一些来。

我印象深刻的是，有一次父亲晚归，带回来一些鱼和几棵大白菜，看着他开心快乐的样子，我认真听他和母亲说话，弄明白了这些白菜是他们在医院认识的那家人送他的。父母亲曾带着小弟去大城市的医院看病，医院里一个病房六个孩子，早夭了四个，唯有小弟和这户人家的孩子活了下来，自此，他们跟我的父母结成了一辈子的友谊，他们在一个渔场上住，趁着冬日的闲空子，父亲去看望他们一家，父亲回家的时候，他们无论如何都让父亲带上些他们自己养的鱼和自己种的黄芽菜。

父亲和母亲计议着，过个十日八日，邀请他们夫妻俩来我们家做客，大冬天里菜吃什么呢？母亲就烧她的拿手菜——黄芽菜根炒肉丝，再从鸡圈里抓一只老母鸡宰了，老母鸡炖黄芽菜叶，肯定也鲜得不得了，我听着父母亲商量着，巴不得父母亲的友人们明儿就上门来。

"母亲"牌猪大肠

小时候，在我的家乡，猪内脏——猪肝、猪肠、猪心、猪肚肺之类是上不了台面，做不了宴席菜的，但其中的猪大肠却是过年的年菜之一。

每年秋收的时候，我母亲会去集市上抓一只小猪养着过年。到了腊月二十左右，就该杀年猪了。请了家门口附近杀猪的小刀手（杀猪人的俗称），小刀手来了后，拿出铮亮的杀猪刀在磨刀石上荡磨着，母亲又请了一众邻居来帮忙，身强力壮的邻居们费了九牛二虎之力才用绳子缚住了大肥猪想逃窜的腿脚，一时间人喊猪嚎，像有什么惊天动地的大事要发生了。

年猪终于杀好了，母亲必定要酬谢乡邻们的帮忙，用热水氽好的猪血，每块豆腐那么大，家乡人又称猪血为血豆腐，每人两块，一挂猪肝也三下五除二用刀割了，每人一块。小刀手花费的力气最大，付一份杀猪的工钱外另赠送一副猪小肠作酬劳。净猪肉、其他猪内脏有人来买就卖了去，家里留十多斤猪肉，还有一挂猪大肠烧年菜用。我晓得母亲留猪肉是要斩肉坨子，留猪大肠的原因我却不甚了了，母亲说那不是家里谁嘴馋，是为了过年的吉庆。我揣测大概是"肠"谐音"长"，一年之初就要讨个好彩头，用"大肠"祈愿家人长命百岁，日子长长久久。平常日子里，母亲当然没有那份郑重其事的祈愿，她很少买猪大肠烧给一家人吃，一来是计较钱，二来猪肠收拾起来比较麻烦。

杀年猪这天，白天杀猪、卖肉忙活了一天，到晚上，母亲就开始收拾猪大肠，透亮的白炽灯灯光下，母亲用手指头捏着大肠一寸寸地

"母亲"牌猪大肠

翻，把猪大肠的内里那面翻出来，往翻过个的大肠上撒上面粉揉搓，揉搓完整个大肠再翻回去，接着再撒面粉揉搓，反复揉搓上数次，最后用清水洗干净，有时，我们一觉醒来，我母亲还在那洗大肠，我们让母亲明天再做活，她就会回答："明天还有明天事，要扫尘呢！"

到了大年初一的中午，母亲就要给全家人红烧一盘猪大肠。只见母亲在铁锅里放入猪大肠并添上能浸淹它的水，往锅里搁几片生姜片，又倒些料酒，将猪肠煮到水一开就捞上来，滤干水分，再把猪肠拖在砧板上改刀切段。接下来就可以红烧猪肠了，母亲把铁锅烧热倒入家里的菜籽油，把葱、姜、蒜以及香料倒入油锅里爆香，放入猪肠翻炒出油，加水没过猪大肠，搁母亲自做的黄豆酱，添上猛火炖二十分钟，再搁些盐、糖，小火炖煮至烂。用蓝花白瓷的盘子装了猪大肠端上桌来，油光闪亮，看上去特别诱人，但年幼的我常常是一块都不吃的。以前我试吃过猪肠，我总觉得猪大肠有类似于羊肉那样的膻味，是我不喜欢的。母亲倒也不勉强我，祖父、父亲、她自己都觉得滋味好极了，她觉得我不喜欢吃猪大肠真是呆子没福享。

成年后，我嫁到夫家去，没料到猪大肠亦是我老公的心头宠"菜"，不论是把大肠切成丝条儿用青椒爆炒，还是红烧猪大肠，他都喜欢吃，他尤其喜欢吃红烧猪大肠。初时，我问他："你不嫌猪肠的那气味吗？"他回答我："好吃就好吃在那与众不同的味道啊！"他有时吃得正欢，看见我探寻的目光，就忍不住夹一筷子塞到我的碗里，在他的引诱下，我陡然也觉得猪肠的气味是它独有的魅力。

我母亲依然在养年猪，她的猪大肠开始留给她的女婿吃。收拾大肠的事儿，换成了我婆婆做，我婆婆与我母亲清洗猪肠的步骤相差无几。不过，近些年，我婆婆收拾大肠更耗时费心了，她每次都先把猪肠翻过来，并把大肠内的猪油——掰扯下来。我老公他患过胆结石，医生建议他要饮食清淡。这才有了婆婆花了绣花般的工夫去收拾一串大肠。这世上哪家饭馆会这样收拾一挂大肠？除却"母亲"牌的家里厨房，再也没有了。

　　每年大年初一，我婆婆亦会端上她烧的大肠，婆婆还会貌祥言慈地直接说："来来来，吃大肠，长命百岁呢！"我老公他早就乐不可支，急不可待地伸出筷子等着了，他把盘子里闪着油光的大肠攦到嘴里去，连连说："好吃，好吃，除了少点以前的膻味！"我也攦了一筷子猪大肠，确如他所说滑腻可口，有韧劲，少膻味，其因大概是婆婆扒去猪肠里的油，就好像削皮的苹果，与不削的比，口感稍有不同，不过，那少去的膻味正是一位母亲多付出的爱呢！

油端子里的流年

做小孩子时，每到秋冬时节，屋旁菜园子里的红萝卜、白萝卜就悄悄地都长好了。父母亲有时候会一起去拔萝卜，一个个萝卜长的筷子长，圆的小皮球那般圆，只拔得父母亲喜笑颜开，有人经过菜园子，他们就随手扔出一只肥硕可爱的萝卜请人家尝一尝。人家必定夸赞："又甜又脆的大萝卜，比鸭梨还爽口呢！"这话，我们是不信的，觉得是大人之间互相哄人的话。萝卜跟梨怎么好比？生萝卜咬一口，能把舌头都辣麻了。刚收萝卜的那几日，母亲会做凉拌萝卜丝，她把萝卜刨成细丝条，放色拉油、酱油、糖、香菜同拌，一盘凉拌萝卜丝端上桌来倒也色香味俱全，但我还是不喜那股萝卜味。母亲有时特意去猪肉摊上买回肥瘦相间的五花肉与萝卜同熬，熬好的萝卜猪肉盛上了桌，母亲必定先撷萝卜，她吃一口萝卜就夸一句："萝卜比肉香啊！"我们不管她说得多么好听，只一心一意地把萝卜拨开去，把肉扒拉到自己的碗中来。

萝卜唯有一种吃法，是受我们小孩子欢迎的，那便是做成油端子。成年后，翻看饮食类的书籍，袁枚所著的《随园食单》里不见"油端子"三个字的影踪。倒是我们里下河流域的高邮作家汪曾祺先生在《吴大和尚和七拳半》提过一嘴："我的家乡有吃'晚茶'的习惯。下午四五点钟，要吃一点点心，一碗面，或两个烧饼或'油端子'。"

油端子制作起来并不复杂，口味又脆香腴美，值得一记。

到得冬日光景，万事萧条，田里也没有活干，母亲有了闲空子，她从地窖里挖出秋天储藏起来的大小萝卜，给我们做油端子。萝卜下水洗得干干净净，身上的胡须儿都扒光，用一种罗网般的小孔刨刨出细细的丝条儿来，萝卜丝条儿下滚水氽，片刻之后即从沸水中捞起放盆中，用手掐成萝卜丝团，挤去萝卜丝中的水分，油端子的主料就准备好了。配料看各家主妇的灵巧心思，配料可多可少，肉末、蛋皮末、火腿、虾米、木耳丁之类都可放入萝卜丝中，葱花、蒜末是必不可少的，最后加适量的油、盐、味精，搅拌均匀，油端子的馅料就大功告成。再和面，用大海碗装小麦面粉加冷水调成黏稠适度的面糊，面糊是用来做油端子的外皮的。

万事俱备只欠东风，东风就是做油端子的模具，这模具是街市上的漆匠用不锈钢打造，顶头上是成人手掌大小的圆形锯齿状的器皿，有一根二尺多长的细柄子，这油端子模具形似菜园子里长立着的葵花。

铁锅里倒入大量菜籽油，烧到合适的温度，把油端子模具放在热油里沾上油，在模具底部舀上面糊，中间放萝卜丝，最上层再铺一层面糊，轻轻放入油温合适的油锅中，不动它，像钓鱼端着鱼竿一样一动不动，静静地端着这油端子，用灶下的微火，锅里的热油慢慢地煎它。我揣测，这"端"的动作，大概是油端子这吃食取名之因。钓鱼是鱼儿自行上钩，煎油端子是等油端子自行从模具里脱落，掉落在油锅里，再稍稍煎炸一会，直到油端子两面金黄，像一朵朵正绚丽盛开的葵花，金黄灿烂，熠熠生辉。待到稍稍冷却，拿一只油端子咬上一口，外皮酥脆喷香，内里绵软浓香，老人小孩都吃得。

我们自从看过家里的母亲们做油端子，都偷学得几分技艺。有一日，我与琴聚到芳家玩耍，不知道谁提的意见，"不如我们做油端子吃吧？"三人完全忘记父母平日的嘱咐，小孩子不准动火，不能去河边玩水，更不能碰电插头……我奔回家，从厨房里找出几根萝卜，芳从她家厨房里找出萝卜刨子、油、盐、味精等。我们学着母亲的样子开始做油端子。一切准备就绪，最后，我们发现找不到做油端子的模具。我们心生一计，干脆就用小瓷勺做模具。芳在锅灶上负责煎炸，琴在锅灶下负责添火，我放哨，防止芳的母亲从田地里回来。油端子竟然被我们做成了，只是小瓷勺是椭圆形的，做出的油端子四不像。

我们这些小鬼头怎么瞒得住大人？芳的母亲回来后，鼻子一嗅，就知道了我们的所作所为。不过，向来好脾气的她并没有当场苛责我们，只是事后悄悄地告诉了我们的母亲。我的母亲说："下次你们不要再偷偷地炸油端子来吃，想吃就告诉妈妈，我会给你做的。"琴回家则遭受了一顿毒打，琴的父亲早逝，她家有兄妹三人，两个哥哥天天问寡母要房子娶媳妇，琴的母亲早就想着把琴嫁给村庄上的富裕人家的哑巴儿子换上丰厚的彩礼。琴吵着要跟我们一起念书，她的寡母以读书为条件换得了她答应嫁人。不过，有一天，琴从家里出走了，此后，我再也没有见过她。

这么些年，我的母亲每年冬天都会给我送来她煎的油端子，就像当初她说的那样："只要你想吃，妈妈就给你做啊！"

一日，从城里回家乡小镇，在小镇街头看到一位年老妇人在卖油端子，是油端子啊，我忍不住多看了两眼，再看那卖油端子的老妇人竟然是琴的母亲。她一定不认识我了，我细细打量她，只见她脸颊丰润，动作也算利索，不停地接着顾客递给她的钱，看着围拥她的人群，我想着现在日子好起来了，琴回到她身边了吧？！

家乡的肉坨子

在饮食类的书上看到"狮子头"这道菜。汪曾祺先生说：狮子头是淮安菜。我的家乡盐城接壤淮安、扬州，家乡的菜肴当属淮扬菜系，也有类似于"狮子头"的肉圆吃食，只是家乡的人从来不称作"狮子头"，我们呼作"肉坨子"。

童年时候，肉坨子是道金贵菜，逢年过节或者家有红白喜丧事时，肉坨子才会上桌。

腊月里，村庄上的主妇们忙着做年吃食，做年饼、蒸年糕、蒸包子、炒花生、炒葵花子……其中还必有一桩"斩坨子"。她们互相会问："肉坨子斩没？"这是年事中的一桩大事。

我一直在心里计较着母亲、婶娘称作肉tuo子的"tuo"字怎么写？翻书查字典，大约就是这样的一个"坨"字吧。梁实秋写狮子头的命名，说：扬州名菜，大概是取其形似，而又相当大，故名。"肉坨子"三字的由来怕是与家乡村庄上的主妇们过日子常使一杆小木秤有关，小木秤上有压秤的秤砣一只，把肉斩煎成小号秤砣的样子，所以叫肉坨子，倒是与生活分外贴近。

做肉坨子得先去猪肉摊上割肉。家里条件好，孩子平日一星儿肥肉不上嘴的人家自然多割瘦肉，肥肉则少些。经济贫薄，家有老人嚼不动硬物，就肥肉多，瘦肉少些也无妨。肉洗净，削成肉片，剁成条状，再切成丁，然后开始斩肉丁，右手持刀用力均匀地接连地斩下来，斩肉丁的"嘟嘟嘟"声响彻厨房，还传到屋旁的大马路上去了，斩肉丁的声音很像寺庙里的僧人在敲击着木鱼，但又比木鱼声脆亮。路上有熟人走过，他们会朝声响处亮着嗓门叫道："斩坨子呐？"屋里立刻笑声朗朗地应着："是的，斩坨子的，过会儿来吃坨子啊！"

后来，有了绞肉机，人们不再用臂力去斩肉丁成肉末。不过，我以为绞肉机绞出的肉末跟主妇们用刀斩出的，煎出肉坨子来，滋味不可同日而语。

当肉丁碎成末就盛进干净的盆里，往盆里打上鸡蛋数只，再把切好的姜丁、葱末、蒜末一起放进盆里，撒上油、盐、味精等作料。还有别的添加物吗？有。汪曾祺先生写："荸荠切碎，与肉末同拌。"我们这里从前不兴添加荸荠，现在倒也有了，还成了一些饭店的招牌菜，就叫荸荠坨子。擅长厨艺的厨师还造出荸荠坨子的同门——素藕坨子来。记得以前村庄上主妇们与肉末同搅拌的有馒头末、馓子末，也有煮熟的糯米饭。最初，我母亲喜用馒头末搅拌在肉末里，一个馒头五角钱，一盆肉末，三两个馒头搅拌进去恰恰好。家里境况日好，母亲改用馓子末。村庄上的主妇们用糯米饭搅拌肉末的人家极少。平原上糯米家家种家家有，糯米搅拌的肉坨子少了肉感，让人感觉像在吃米饭，是要被人笑话拿不出、舍不得的。既是肉坨子就要肉多，做出的肉坨子像秤砣一样实实在在，也象征这户人家为人实诚。

等一切添加的食物都准备完毕，最后加入淀粉，开始用力均匀地顺时针方向搅拌，搅成黏稠的一盆肉糊。锅里倒大量油，烧热，右手持勺，舀起一团的肉糊放左手心里，左手与右手的舀勺配合抟成一个秤砣大小的球，放入油锅煎炸，直到外皮变成金黄色，结成薄薄的壳状，内里粉红色猪肉末都变成白玉一般，捞出油锅来。待到稍稍冷却，尝一口，外壳薄脆喷香里面细腻软糯，连皮带心地吃，猪肉的香与葱蒜姜的香已充分融合，实是一绝。我家小弟曾在幼年时候一口气吃过十八个肉坨子，这事儿至今是家里的一桩笑话，说他是馋鬼投胎。小弟狡辩说是母亲的肉坨子做得太香。

　　肉坨子也是家乡红白喜丧事宴席上的压轴菜，去赴宴席的另一个说法就是："去吃坨子"。从前宴席是坐八仙桌，一桌八个人，等汤汤水水的菜上完，临到散席前，必上一盘肉坨子，二十四只，规矩是一人三只，不可多吃多占，否则要被人笑话的。对于办宴席的主家来说，别的菜多点少点倒无所谓，这斩坨子的当家主妇心里一定要有尺量，把肉坨子备足。

　　宴席过后，当家主妇细心地在人群里逡巡一番，家族里身体不健、腿脚不灵，没能来吃席的长辈们都预备上肉坨子作礼。没来的大姑奶奶、二姨爹爹一人一个袋子，一袋子里装上二十来个的肉坨子。打开袋子，那老人的通家大小都要夸赞这小媳妇孝顺，礼数周到。肉坨子就是巧手主妇们暖老温贫的良方。

　　若肉坨子还有结余，放在煎坨子的油里，放在油里的坨子可以保存很久，这又是主妇持家的妙法。等到来年春天，青黄不接，家里少吃少菜的时候，亲戚却上了门，给急来急走的亲戚麻利地端上一碗面条，面条里搁上三个肉坨子，一准会被亲戚背后夸赞待客大方，家里富足。要是留下吃饭的亲戚，来的是老小客，就买上一斤猪肉，肉和肉坨子一起红烧，红烧出来的肉坨子，老人小孩吃得喜笑颜开。或者把肉坨子从油里挖出来，加青菜烧上一锅热气腾腾的汤来，一碗青菜肉坨子汤，可不比一碗鸡汤差劲。唯一可惜的是，煎坨子的油只有小小的一盆，里面藏不了几个肉坨子。

　　日子渐好，居家办宴席的人家竟稀少起来，宴席上的菜肴也由酒店里配供，肉坨子还是酒店宴席里必上的菜，不过为了标新立异，把从前主妇们做的肉坨子进行了改头换面，长条儿的瓷盘里端上十二个左右裹着一层糯米外衣的肉圆称作——蓑衣丸子。也有的酒店用红酱油、糖煮了不大不小的十几个肉圆端上来说，这是本店招牌菜——红烧狮子头。这些肉圆的滋味都不如村庄上主妇们做的肉坨子。

　　表姐家小孙子的满月饭就是在酒店里举办的，琳琅满目的珍馐端上来，我们为着养生，为着减肥不肯肆意大吃。直到最后上肉坨子了，表姐大声招呼我们："你们吃啊，这不是酒店里的，是姐姐自己斩的肉坨子啊！"我们这才纷纷挥舞起筷子，在外地工作的表哥也连忙伸筷撺起一个肉坨子，只见他咋呼呼地说："香，这肉坨子真香！小时候的味道。"旋即，他又大呼小叫地向表姐说："姐姐，你斩的肉坨子香呐，给我带一些去外地吃？"表姐抱着胖乎乎的小孙子，高兴地说："有有有，姐姐的冰箱里多呢，回头就给你装上几十个！"